U0179808

INTELLIGENT MANAGEMENT

Theory and Application of

POWER TRANSMISSION AND TRANSFORMATION

Project Construction

输变电工程项目建设的智慧管理理论与应用

国网浙江省电力有限公司建设分公司
浙江工业大学
组编

ZHEJIANG UNIVERSITY PRESS
浙江大学出版社

图书在版编目(CIP)数据

输变电工程项目建设的智慧管理理论与应用 / 国网浙江省电力有限公司建设分公司, 浙江工业大学组编. -- 杭州 : 浙江大学出版社, 2021.12
ISBN 978-7-308-22010-1

Ⅰ. ①输… Ⅱ. ①国… ②浙… Ⅲ. ①输电－电力工程－工程管理－智能控制②变电所－电力工程－工程管理－智能控制 Ⅳ. ①TM7②TM63

中国版本图书馆CIP数据核字（2021）第243937号

输变电工程项目建设的智慧管理理论与应用

国网浙江省电力有限公司建设分公司
浙江工业大学
组编

策划编辑 吴伟伟
责任编辑 丁沛岚
责任校对 陈 翩
封面设计 春天书装
出版发行 浙江大学出版社
（杭州天目山路148号 邮政编码：310007）
（网址：http://www.zjupress.com）
排 版 浙江时代出版服务有限公司
印 刷 浙江省邮电印刷股份有限公司
开 本 710mm × 1000mm 1/16
印 张 15.75
字 数 225千
版 印 次 2021年12月第1版 2021年12月第1次印刷
书 号 ISBN 978-7-308-22010-1
定 价 78.00元

本书由国网浙江省电力有限公司建设分公司、浙江工业大学联合组织编写

编委会名单

主　任　谢　宾

副主任　梁　樑　宋惠忠

委　员　廖玉龙　林立波　郭　华　扶达鸿　陈文翰
单聚良　钱　联　王　进　沈海军　卜伟军

编写组名单

主　编　姜维杰　徐　斌

副主编　崔鹏程　许　强　廖素琴

参　编　周峥栋　张增生　张皓杰　方靖宇　陶耀东
武丙洋　蔡广生　夏新华　钱叶骏　宋兴蓓
郑力维　李　波　叶巨锋　王希求　赵铁林
王　钰　张栩东　商善泽　赵　磊　刘煜谦
周翰章　和星辉　刘　薇　陈紫娴　李梦林

序

习近平总书记在党的十九大报告中指出要打造数字中国、智慧社会，国家“十四五”规划中也提出要加快数字化发展，建设数字中国。近年来，人工智能、云计算、物联网、区块链、大数据等新一代信息技术在全社会各行业各领域得到了不同程度的应用，并深深影响着社会的运行和发展。随着这些新兴信息技术在电力行业的深入应用，电力行业开始进入大数据、智能化时代。

输变电工程项目建设是一项复杂的管理任务，这对输变电工程项目管理提出了更高要求，引入智慧管理思想和方法对输变电工程项目管理将产生较高的应用价值。但是国内当前系统论述智慧管理的专业书籍相对较少，对智慧管理的认识大多停留在概念层面，对智慧管理的理论思想提炼和具体实践应用的论述则更少。本书基于国网浙江建设公司开展输变电工程建设项目智慧管理的应用实践成果，系统梳理了国内外工程项目智慧管理的理论和应用研究成果，结合输变电工程项目的特点，构建了工程项目智慧管理的理论体系，具体阐述了输变电工程智慧管理的典型应用架构、相关技术和功能模块，并提出了相应的智慧管理评价体系。

我认为，这本书的出版很及时，对目前输变电工程智慧管理的理论和应用进行了系统总结和提炼，对输变电工程智慧管理的未来发展有着十分重要的意义。本书既可以为后续输变电工程建设的智慧管理工作提供更为科学的理论指导，也可以为国内同行开展智慧管理提供有益的借鉴。

当然，没有哪一种管理模式是通用的，每种管理模式都只是为管理者们提供了一种管理思路，至于具体的实践操作还需要结合项目的实际情况展开。鉴于现阶段智慧管理在我国仍处于起步探索阶段，一些概念原理和平台系统仍需要我们在实践应用中不断补充、不断完善，推动智慧管理创新发展，让智慧管理更贴近我国国情和行业发展特点。

清华大学经济管理学院教授、博士生导师
清华大学技术创新研究中心主任
2021 年 12 月

前　言

输变电工程建设对保障人们日益增长的用电需求有着重要意义，在我国电力运输传送中扮演着重要的角色。但是，输变电工程建设所需的人力、物力、财力较多，项目周期较长，涉及的部门、组织较多，因而开展项目管理的难度大，要求高。

随着信息化、数字化、智能化技术不断应用到管理活动的各个领域，一种新的管理模式——智慧管理应运而生。输变电工程项目智慧管理就是将大数据、云计算、物联网等技术引入输变电工程建设项目管理，彻底改变现有的管理模式，使管理更加直观、准确、高效和智能。

本书全面介绍了国内外工程项目智慧管理的理论研究和实践状况，结合输变电工程项目的特点，系统阐述了工程项目智慧管理理论框架体系，并以浙江省电力基建智慧管理的探索实践为例，论述了输变电工程项目智慧管理的系统架构、相关技术和典型功能模块，进一步构建了输变电工程项目智慧管理的评价体系，对输变电工程项目智慧管理的未来趋势做了分析和展望。

本书共分为 7 章，第 1 章介绍了我国电力行业信息化和输变电工程建设的发展历程，阐述了输变电工程项目智慧管理的概念和意义；第 2 章梳理了国内外工程项目智慧管理的研究与应用实践；第 3 章构建了工程项目智慧管理的体系，论述了工程项目智慧管理的内涵、理论基础、目标原则、基本结构和内容；第 4 章结合国网浙江省电力有限公司的实际案例，论述了输变电工程项目智慧管理的系统架构、关键技术和基础设备；第 5 章介绍了输变电工程项目智慧管理各功能模块的具体内容；第6章提出了输变电工程项目智慧管理的评价体系；第7章展望了未来输变电工程项目智慧管理的新技术应用和新发展趋势。

本书既可作为高等院校项目管理类专业的参考读物，也可供电力行业广大管理人员、工程技术人员参考。

限于时间和水平，本书或有错讹之处，敬请广大读者批评指正。

目 录

第 4 章　输变电工程项目智慧管理的系统架构和关键技术

第 5 章　输变电工程项目智慧管理的典型应用功能

第 6 章　输变电工程项目智慧管理评价与应用

第1章　绪　论

输变电工程是国家电力建设的重要组成部分，其管理模式的变化和管理水平的提升，与国家电力行业信息化建设的发展息息相关。输变电工程智慧管理模式，作为一种新型的管理模式，正是在国家电力行业信息化建设整体纵深推进的大背景下应运而生的。本章回顾了我国电力行业信息化建设的历程，并结合输变电行业的发展现状和趋势，阐述了输变电工程项目智慧管理的内涵和意义，以及本书的整体内容安排。

1.1　我国电力行业信息化发展历程

我国的电力系统信息化发展历程可以追溯至20世纪60年代，即我国电子计算机应用起步时期。电力信息化的技术发展从一开始简单的辅助系统到现在的数字化、网络化和智能化应用，其转变离不开互联网、区块链、物联网、大数据等新兴信息技术的普及和应用的不断加深，整体而言可以分为以下四个阶段（普华有策，2020）。

1.1.1　起步阶段（20世纪60年代至80年代初期）

这一阶段，电力行业的信息技术以计算机技术为主，主要应用在试验计算、工程设计与计算、设备检测等方面以提高计算速度、缩短设计周期，涉及的功能比较简单。

1.1.2 初级发展阶段（20 世纪 80 年代中期至 90 年代初期）

这一阶段，计算机技术在电力行业得到了较为广泛的应用，但是信息技术在生产管理中仍以单项和初级的应用为主，如电力生产自动化控制、系统调度自动化、电力负荷预测、电力仿真系统等。

1.1.3 规模发展阶段（20 世纪 90 年代中期至 21 世纪初期）

这一阶段，信息技术在电力行业中得到了广泛的应用，电力信息化呈现规模化发展的趋势，信息技术的应用范围由操作层扩大到了管理层，从单项、初级、局部的应用发展为网络化、整体化、综合性的应用。

1.1.4 科学发展阶段（2005 年至今）

这一阶段，对电力信息化的认识更加全面，形成了一些理论基础和发展战略，企业管理层、生产层、业务层中的各项业务工作都与信息系统建立起密切的联系，电力企业中的生产、管理和经营等各环节进一步融合，企业开始向数字化、智能化演进。

自 2005 年以来，国家电网有限公司（以下简称“国网”）结合党中央提出的大政方针和我国电力行业的发展情况，通过实施不同时期的重点工程项目来推进我国电力行业的信息化发展（李幸，龙昌敏，陈庆树，等，2018）。

1.1.4.1 “十一五”时期：SG186 工程

“十一五”期间，国网提出了 SG186 工程——“1”代表构筑一体化企业级信息集成平台；“8”代表建设综合管理、财务管理、物资管理、人力资源管理、营销管理、项目管理、协同办公管理、安全生产管理八大业务应用；“6”代表建设健全标准规范体系、信息化安全防护体系、人才队伍体系、管理调控体系、评价考核体系、技术研究体系六个保障体系。在这一时期，国网信息化建设经历了从无到有、从分散到集中、从线下到线上的转变。通过构筑一个系统、建立二级中心、部署三层应用实施 SG186 工程项目。

（1）一体化平台

SG186 工程项目的建设重点是构筑一体化企业级信息集成平台。这个平台既是国网实现“纵向贯通、横向集成”战略目标的关键，也是实现企业信息渠道畅通、数据共享应用的基础。

（2）八大业务应用

依托一体化企业级信息集成平台，国网总部和网省公司围绕八大业务应用展开系统设计，提高各项业务管理能力。

（3）六大保障体系

通过形成资源、技术、组织等方面的保障机制，为各项业务的开展提供基础性、全员性、全局性的保障，提高电网安全、生产效率和服务质量。

1.1.4.2　“十二五”时期：SG-ERP 工程

“十二五”期间，国网加快智能电网建设和“三集五大”管理体系的建设，使业务发展更加集中、统一、精益、高效。在 SG186 工程的基础上，国网将全过程管理纳入电力应用系统考虑范围，提出了 SG-ERP 工程。国网的信息化建设经历了由孤岛到集成、由壁垒向协同的转变过程，信息系统向一级部署演进。

（1）一体化平台

信息网络、数据中心、集成服务和信息展现四个部分构成了一体化平台，融合传输、存储、处理信息等作用，消除信息“孤岛”。基于 SG186 工程的建设成果，提升网络传输、数据存储、信息集成及容灾能力，向国际先进水平靠拢。

（2）业务应用与集成

继承“十一五”期间业务应用建设成果，结合智能电网和“三集五大”管理体系的新需求，按照“完善提升夯基础，融合发展为重点，智能决策谋突破，直属应用上水平”的整体思路，在统一架构体系下，通过全面建设直属单位业务应用、深度集成业务应用、建设智能决策分析体系，深入推进企业业务应用建设。

（3）深化业务信息化应用水平

综合分析各应用的深度、广度、精细度，全面评价信息系统的实用性，持续深化各业务应用，提高信息化应用水平。

（4）形成信息化保障体系

围绕国网信息化建设任务目标，努力构建主动智能的安全防护、全面实用的标准规范、集中统一的信息管控、扁平高效的信息运行、自主创新的技术研究、优秀专业的人才队伍，全面加强信息化保障体系建设。

1.1.4.3 “十三五”时期：SG-ERP2.0 信息化工程

“十三五”期间，国网在之前项目的基础上，进一步推进“互联网＋”智能电网建设，提高电力系统智能化水平，推广在线监测、智能巡检、状况诊断等应用系统，创建安全预警体系。推动电力系统的各个环节和部门，运用云计算、大数据、物联网、人工智能等技术，致力于构建一个能够全面感知、灵活处理、高效应变的智慧服务系统。

1.2 我国输变电工程项目的发展

正常输电过程中往往会因为线路发热而造成电力损耗，在实际中常常通过变电使电压升高、电流变小，从而减少运输过程中不必要的损耗。这种电流输送过程涉及多次变电，所以将其称为输变电。输变电工程在保障电力稳定供应中发挥着重要作用，国家经济的高速发展和电网输变电发展之间也有着密切联系。当前，我国电力行业已经由高速增长阶段转变为高质量发展阶段，输变电工程建设项目的质量高低直接关系到电网能否实现长期安全运行。

1.2.1 我国输变电工程项目的发展现状

自 20 世纪 90 年代开始，我国电力行业进入了飞速发展阶段，输变电站数量也如雨后春笋般快速增加。以世界上规模最大的水电站三峡水电站为例，其重要组成部分三峡输变电工程的供电范围广、建设周期长，不仅对我国电网建设和电力工业的发展具有里程碑意义，同时也实现了我国输变电行业的跨越式发展，为之后全国电力联网打下了坚实的基础。

随着我国经济进入高质量发展阶段，电力需求也在日益增长，电网建设愈发迅猛发展。

首先，我国对电网领域的投资一直保持在较高水平，为输变电工程建设的发展提供了较为充足的动力和保障。中国电力企业联合会官方数据显示，2006 年后，我国电网建设超过电源建设发展，成为电力建设的主要投资重点。2019 年，全年共完成电力投资 8295 亿元，其中电源投资完成 3283 亿元，电网投资完成 5012 亿元，电网投资连续第 4 年超过 5000 亿元，占整体投资比重达到 60.4%，其中输变电投资 4779 亿元，投资水平显著持续攀升。①

其次，在投资水平不断提升的基础上，我国输电线路建设方面也取得较大的进展。我国输变电工程中，常见的电压等级有 500 千伏、330 千伏、220 千伏、110 千伏等，电压等级越高，电力越大，输送的距离也越大。截至 2020 年底，我国 220 千伏及以上的输电线路的总长度达 79.4 万公里，比上年增长 4.6%；220 千伏及以上公用变设备容量 45.3 亿千伏安，比上年增长 4.9%；新增 220 千伏及以上变电设备容量 2.2 亿千伏安。②

最后，我国输变电装备制造整体水平也有较大幅度的提升。无论是在 500 千伏、750 千伏的超高压输变电设备方面，还是在 1000 千伏特高压输变电设备方面，我国都基本实现了国产化。同时，在国产化的基础上也有了技术性的突破，全面掌握了特高压交、直流输电等核心技术；成功研制了大容量变压器等关键设备和元器件③；推动形成了一批行业标准、国家标准和国

① 数据来源：中国电力企业联合会。

② 数据来源：中国电力企业联合会。

③ 例如，我国已经掌握了 ±800 千伏换流变压器制造技术，可以自主研发大容量晶闸管（周彦伦，2016）；成功解锁 ±1100 千伏昌吉换流站第二个高端换流器，这是目前世界上电压等级最高、输电距离最远、输送容量最大、技术水平最先进的输电工程，开创了输变电行业的新纪元（刘斯颉，2019）。

际标准。

发展至今，我国电力装机容量、发电量、输电线路长度均已位居世界第一，在输变电工程领域实现了“中国创造”和“中国引领”。综上可见，输变电行业在我国经济高速发展中扮演着日益重要角色。

1.2.2 我国输变电工程项目的发展趋势

科技发展日新月异，各类高新技术的出现往往会引起一些行业变化，影响行业的发展趋势。目前，我国输变电工程建设呈现出智能化、绿色化、安全化和网格化的发展趋势。

1.2.2.1 智能化

互联网、云计算、人工智能等新技术在各行各业中得到普及，被广泛应用，我国输变电工程也朝着智能化方向发展。运用高新技术手段，可有效降低设备运行过程中故障的发生概率，提高运行故障的解决效率。北京运用“互联网+”技术搭建了“智慧工地”管控平台，实现全专业、全过程实时监管施工现场的进度、安全、人员等信息。江苏通过采集省内所有高电压等级架空输电线路的物理数据，构建数字化电网，成功打造全国首个省域全息电网。安徽打造现代智慧供应链，通过计划辅助审查系统、运输全程可视化监控、智能仓库等措施提高建设施工过程中的质量和效益。未来智能化工程管理系统将广泛应用于电力行业的各类工程项目中，促进项目建设过程实现智能化、系统化、实时化管理，同时提高工程项目的安全性、可靠性、科学性、高效性，降低项目造价成本（林丽，李伟，向超，2015）。

1.2.2.2 绿色化

党的十八大以来，我国的生态文明建设步入了“快车道”，国家对环境保护的重视程度又上了一层楼，社会各阶层都在提倡环保绿色，电力行业也提出要绿色施工，努力实现“3060”双碳战略目标。在输变电工程建设中，主要从两方面进行考虑：一是选择适当的输变电设备位置和高度，在保障电力运输基本要求的同时尽量减少电磁辐射对人体和环境的不利影响；二是在选址规划的过程中要考虑到城市规划、土地规划和环境保护等方面因素，尽量不影响人们原有的正常生活秩序。浙江依托智慧基建平台，深化大数据应用，推出电网基建工程“绿建码”，实现对工程建设全过程节能控碳的量化评估，可以及时发现施工过程中环保未达标的环节并及时整改。

1.2.2.3 安全化

在输变电工程建设的施工过程中，不可避免会涉及高空作业、电力施工等危险系数相对较高的工作，而且有些项目的施工地点比较偏僻，在作业过程中可能会遇到突发的自然灾害，给人、财、物造成不同程度的损失。近年来，政府部门不断加强管理者和工人的安全意识，并取得了一定成效，电力行业的事故起数连续下降，建设施工领域的安全状况得到了明显好转。除此之外，针对一些危险性强、难度高的工作，可以通过采取机器换人的方式来保障施工工人的人身安全。例如，传统的变电站监控和巡视工作基本上依靠人工的方式，劳动强度大、检测质量分散、检测手段单一、工作效率较低，有些数据无法及时准确地录入系统（熊泽群，黄石磊，李永熙，等，2016），而且在一些恶劣的自然条件下，人工巡检存在着较大的安全风险。目前，浙江、上海、山西等地部分变电站已经采用机器人巡检的模式，提高检测精度的同时减少了人力、环境等方面的限制。

1.2.2.4 网格化

在输变电工程建设中，为了避免产生大交叉作业等混乱的现象，可以考虑采用网格化管理，进行全方位平行作业（庞文亮，2014）。通过把工程现场划分为若干个小的区域，每个区域具有独立的管理体系，明确每个区域的施工内容、周期、人数、负责人等，将每项工作的职责明确到个人、落实到个人。每个区域负责人对所辖区域的安全、质量、进度等负责，总体项目的主要管理人员组成一个总工作组，负责考核各区域负责人、协调管控各区域间的联系。浙江宁波采取高低压“营配融合”的网格化管理，通过高压“设备主人＋客户经理”模式、低压台区经理制实现高低压网格互相协作、交叉共存，工作效率得到有效提高。

1.3 输变电工程项目智慧管理

信息化、数字化和智能化等新技术在输变电工程项目建设中的广泛应用，一方面体现了对工程项目传统管理所出现问题的有效应对，另一方面则是极大地推动了工程项目管理模式和体系的变革与创新。尽管当前学界对智慧管理的定义尚未形成统一界定，但随着输变电工程项目智慧管理在实践层面的不断推进，有必要梳理输变电工程项目智慧管理的内涵和意义。

1.3.1 输变电工程项目智慧管理的内涵

输变电工程包括土建工程、电气安装工程、电气设备调试工程等子项工程，具有专业、复杂、明确等特征（程旭东，2011）。与普通的建设项目比较，输变电工程建设项目涉及的资金成本较大、环节众多、人力物力需求量大、技术复杂，对质量与安全的要求更高，这些都增加了输变电工程建设项目实施过程中的难度，对项目管理提出了更高的要求。

智慧管理是信息化管理和数字化管理的高级表现形式，它不是对被管理对象简单地实施信息化、数字化、智能化管理，而是在业务量化的基础上，将先进的信息技术和管理技术高度融合，从而形成的具备自动预判、自主决策、自我演进、自我管理能力的组织形态和管理模式（向衍，盛金保，刘成栋，2018）。智慧管理的技术手段依赖于大数据、智能化、物联网等智能化信息技术，管理内容是对管理对象的全过程、全要素、系统性的智慧协同管理，管理目标是实现智能自主预判与自主决策，提升项目整体管理水平。智慧管理强调管理的过程性、创新性、动态性以及主动性，具备管理实时化、科学智能化、高度集成化、动态平衡化和互联互通化等重要特性。

基于智慧管理的内涵，本书提及的输变电工程项目智慧管理是在输变电工程项目中引入智慧管理的概念和技术，通过大数据、物联网等智能信息化管理技术和手段，通过物联网和互联网搭建起大数据管理平台，收集项目全方位数据，将远程监管与一线操作之间的数据链条打通，对输变电工程项目进行全生命周期、全方位、全要素的高度集成和协同管理，智能化响应与处理内外部需求，提升工程项目建设智慧水平的管理活动。将智慧管理引入输变电工程中，有利于改革创新现有的输变电工程项目的管理模式，使管理更加直观、准确、智能。

1.3.2　输变电工程项目智慧管理的意义

输变电工程项目智慧管理是智慧管理理念和技术在输变电工程领域的具体应用，体现了工程全生命周期管理的理念，对输变电建设工程的健康、高效发展有着十分重要的意义。

1.3.2.1　体现了输变电工程建设手段的变革

输变电工程智慧管理是智慧化生产方式在输变电工程建设领域应用的具体体现，是一种全新的工程建设手段，是建立在综合运用现代信息化技术基础上的，支持对人和物全面感知、施工技术全面智能、工程建设过程各环节高度协同的新型建设手段，提高了项目建设全过程的生产效率和管理效率，进而推动了项目的自动建造、智能化建设，实现了建设方式的彻底转变。

13.2.2　体现了输变电工程项目管理模式的突破性创新

输变电工程智慧管理，不是传统意义上的项目信息化管理，不仅仅停留在提升项目管理的效率上，而是一种项目管理模式的突破性创新。输变电工程智慧管理，贯彻工程全生命周期的理念，借助新一代信息技术的应用集成，有效感知、收集和处理工程项目建设的相关信息和数据，实现智能分析和决策，有助于提高系统自我感知、自我调节和自主决策的能力，在很大程度上代替人在输变电工程建设全过程中的参与，体现项目管理模式的智慧化水平。

1.3.2.3 推动了输变电工程建设的绿色发展

输变电工程涉及较多的人、财、物资源，如何高效利用这些资源，减少资源浪费，保护环境，促进可持续发展显得十分重要。输变电工程智慧管理能高效协调和分配资源，监测施工现场，实现工程建设的绿色生态化。

第 2 章　工程项目智慧管理的理论研究与应用实践

智慧管理是在现代信息技术基础上形成、发展并逐级演进的，智慧管理的具体应用已经逐步拓展到经济和社会的众多领域。工程项目智慧管理是新一代信息技术在工程项目领域广泛应用而形成的管理模式，为工程的建设和管理提供了新的解决方案。本章主要包含三部分：一是梳理国内外工程项目智慧管理的理论研究和应用实践；二是介绍国内电力公司开展智慧管理的应用的典型案例。

2.1　国内工程项目智慧管理的理论研究与应用实践

从历史演进的角度来看，我国工程管理的发展经历了古代工程管理的朴素经验化阶段、近代工程管理的以引进吸收西方先进经验为主的工具化阶段，以及现代工程管理多元发展的科学化阶段（郑俊巍，王孟钧，2014）。随着社会经济的快速发展，现代工程项目逐渐呈现投资规模大、项目参与单位多、工期要求紧、施工技术复杂、信息沟通复杂、社会影响面广等特点，对工程项目的管理工作提出了更加严峻的挑战（郭鲁，2012）。现代计算技术、网络技术、通信技术和新一代信息技术的快速发展及其在工程项目管理领域中的广泛应用，使得工程项目管理信息化、数字化、智慧化成为必然趋势，智慧管理也成了提高工程项目管理水平的重要手段。下面从项目管理目标、项目生命周期、项目主体、项目施工现场四个方面对智慧管理做详细介绍。

2.1.1 项目管理目标的智慧管理

工程项目管理的目标一般可以分为质量、进度、造价、安全、环保五个方面。项目管理目标的智慧管理是基于新一代信息技术的技术手段，在工程项目管理过程中对影响工程质量、进度、造价、安全、环保五个目标的因素进行全面的动态分析、评价与控制，提高工程项目管理的效率和水平。

20 世纪 70 年代，随着计算机技术的不断发展，将建筑项目信息以数字化方式予以展现的理念被提出并不断发展。建筑信息模型（building information modeling，BIM）作为一项新的信息技术，能够为工程项目的各项信息数据建立模型，对工程项目相关信息进行详尽的数字化表达，为项目各项目标的管理提供数据支撑，大大提高了工程项目管理的效率，有效助力项目管理目标的实现。在《美国国家 BIM 标准》中，BIM 被定义为“一个设施（建设项目）物理和功能特性的数字表达；一个共享的知识资源，能够分享建设项目的信息，能够为项目全生命周期中的决策提供可靠依据的过程。在项目不同阶段，不同利益相关方通过在 BIM 中插入、提取、更新和修改信息，以支持和反映其各自职责的协同作业”（丰景春，赵颖萍，2017）。BIM 也是一个动态的数据平台，在这个数据平台上工作人员可以对工程信息进行创建、管理和共享。随着工程建筑行业的不断发展，BIM 三维模型已经不能有效满足现代建筑行业日益发展的需要，所以在 BIM 三维模型的基础上加入了时间进度信息，构建了 BIM-4D 模型，具有模拟施工、优化方案，调整计划进度等功能。在 BIM-4D 模型的基础上再引入成本信息，就构成了 BIM-5D 模型，有利于对项目的成本进行动态管控（刘德富，彭兴鹏，刘绍军，等，2017）。

传统项目管理主要是管控工程项目的施工进度和资源配置，对施工各阶段的复杂关系无法进行清晰表述，容易发生进度延误、资源分配不合理等问题，对项目的经济效益产生直接的影响。利用 BIM-5D 模型可以将与项目相关的进度、资源、造价、人员等各种信息整合在一起，模拟项目工程的施工过程，为施工过程中的生产、技术、商务等环节提供项目进度、资源消耗、成本核算等关键数据，帮助项目管理人员全面、准确、及时地了解项目最新情况，并结合信息制定必要的应对措施，有助于提高生产效率、降低生产成本和缩短项目工期等，对实现项目管理目标具有重要作用。

2.1.1.1　进度管控

（1）BIM-4D 模型

基于 BIM 的设计与管理对设计进度以及项目的整体进度有着重要的影响，主要表现在对进度控制的预测、跟踪、检查和修正等方面。目前行业内通过 BIM 技术设计的项目大部分采用翻模技术，较难实现 2D 团队与 BIM 团队之间的实时协作，一旦 2D 设计和 BIM 设计产生脱节，就会大大降低设计效率，导致项目进度管控难度增加（陈家远，石亚杰，郑威，等，2017）。除此之外，相较于传统的设计模式，基于 BIM 技术的协同设计提高了各专业之间的协作效率，借助冲突检测、可视化模拟等方法，提前发现设计过程中存在的问题并及时解决，有利于优化模型质量，便于 BIM 技术在施工阶段的进一步应用，显著减少施工过程中变更和返工情况的发生，加快项目的实施进度。

BIM-4D 模型实现了对施工阶段进度的动态控制。在实际项目施工中，首先是构建 BIM 三维模型，编制施工总进度计划，在编制进度计划过程中将建设项目进行工作任务结构分解；其次是导入进度信息形成 BIM-4D 模型，通过对比分析实际进度与计划进度，纠偏进度计划并进行优化，提高项目计划的可施工性；最后是对项目进度整个控制过程进行项目后评价，为今后类似项目提供借鉴。

（2）BIM-5D 模型

重庆仙桃数据谷三期一标段项目中，将现场施工工作面进行了流水段划分，项目管理人员可清晰了解每个施工工作面上人员数量、资源需求量、工程量等信息。然后在 Microsoft Project 中将编制好的项目进度计划导入 BIM-

5D 中，实现与 BIM 模型的深度关联，并对模型中每个构件如基础、柱、梁等赋予进度信息，通过 BIM-5D 的施工进度，以天为时间单位对项目施工进行模拟，可以形象地反映施工进度，验证计划的可行性和各专业插入节点的合理性。通过对施工项目的动态模拟，让项目管理人员清晰地预见项目计划的实施过程，合理有效地开展进度管控工作，优化各阶段资源配置方案，提高施工效率。同时，结合 BIM-5D 的施工进度视图模块，可以及时发现在计划周期内是否有任务未能按计划完成，处于滞后状态。项目管理人员根据滞后情况，重新调整工作计划，并对人、材、机等资源做重新配置，实现对项目的精确管控。

（3）GIS ＋ BIM

三维工程场景可视化管理是将宏观的地形、路网等 GIS（地理信息系统）数据与微观的 BIM 模型结合起来，实现 BIM 模型信息查看、GIS 模型进度显示、工程进度数据多样化展示等功能。BIM 技术主要用于比较设计和施工阶段物料的属性信息，而 GIS 技术是对与项目相关的环境、现有建筑分布和建设项目外形进行客观描述。三维工程场景可视化管理综合了 BIM 与 GIS 技术的优势，将微观的模型与宏观的场景、数据相结合，为工程可视化和项目管理提供更丰富、全面的信息。GIS 模型的进度显示通过再现真实的工厂场景，为工程管理提供了可视化界面；结合三维视图与图表资料，从多个方面展示工程的进度信息，帮助管理人员快速了解现场情况，把握整体进度信息，为管理人员制定决策起到了辅助作用（于国，张宗才，孙韬文，等，2016）。

（4）大数据挖掘技术

大数据挖掘在工程项目的进度管理中也得到了应用。基于工程管理技术的关键点是成立大数据挖掘项目组，建立大数据挖掘的管理层次和制度结构，并设立“工期进度”数据挖掘项目组。建立基于数据挖掘的工期进度控制模型，对项目的进度管理具有重要意义。

2.1.1.2　安全管理

（1）物联网

随着物联网技术的发展，基于互联感知的安全管理成为智慧管理的重要研究方向。物联网在工程安全领域中发挥了重要的作用，并由此形成“工程安全物联网”（宁欣，2014）的概念。工程安全物联网通过信息传感设备对工程的全面感知，借助特定的网络实现建筑工程中各种安全影响要素的泛在互联，它涉及信息交换、通信、处理、分析等过程，是个可以智能化识别、定位、跟踪、监视、控制、管理和决策的一体化计算平台。工业安全物联网能够实现建筑结构、工程保障、施工过程的智能传感，涵盖了数据挖掘、信息融合、处理、耦合分析和安全评估、预警、纠偏、技术部署等应用功能，可以提升工程建设中的人员安全、材料安全和工程结构构件安全、设备运行安全、施工环境安全。

（2）BIM-5D 模型

在铁路工程中，基于 BIM 模型的工程安全管理体系，利用设计软件对工程项目进行建模，结合三维模型对人员进行技术交底与安全教育，导入 BIM-5D 模型以实现对工程项目的实时管理，通过可视化设计和施工模拟，在施工前充分准备，预先采取针对性安全措施。在此基础上，实现信息的全程实时共享，增强各部门之间的协调性和管理的及时性，同时结合 BIM-5D 模型与云平台，充分保障后期的运行与维护，达到对铁路工程进行高效、可行的全生命周期信息化安全管理的目的（张钦礼，王雅，2017）。

（3）RFID 技术

基于射频识别（radio frequency identification，RFID）技术的安全管理方法能够实现总包商对施工现场人员、材料、设备的信息实时采集、传输、管理，有效解决分包商多层分包可能带来的混乱现象以及对不同专业队伍之间交叉作业的控制难题。

2.1.1.3　造价管理

基于建筑工程造价信息数据库和BIM模型，构建人工智能工程造价信息管理平台。平台由造价数据采集与形成、智能处理与列项、造价全过程计算、技术经济分析与决策、信息监督管理五大系统组成，以BIM模型为基础，智能分析项目过程中的决策、设计、招投标、施工以及运营管理等不同阶段的综合成本、质量、工期、安全等要素，实现全过程工程造价管理，以及数据采集与形成、智能处理列项、全过程管理计算、技术经济分析、智能决策与监管、咨询与反馈各参与方实时协同工作，并通过统一相关数据标准，进行大数据集成，然后在云端数据共享的基础上，形成工程造价各阶段和所有参与方集成的、共享的、开放式的全生命周期工程造价信息管理系统（王琼，2020）。

2.1.1.4　质量管理

工程施工期的质量控制是决定项目建设成败的重要环节。已有研究提出工程建设质量管理智能化框架，应从业务架构、数据架构、应用架构、技术架构和安全架构等五个方面进行总体架构的设计，其中业务架构以质量管理智能化的业务战略为顶点，将工程项目中质量与安全管理方面的主要业务作为主线，将用户管理、文件管理、数据管理等作为支撑辅助业务，借助人流、物流、信息流、资金流打通各业务线之间的互动渠道，解决各自为政、信息孤岛等问题（黄发林，银乐利，肖鑫，2019）。至于项目质量管理过程中存在的信息获取渠道单一、沟通反馈不够及时、各参与方协同度低等问题，有研究从信息协同的角度出发，构建了施工项目质量管理信息协同系统，利用现代技术掌握全面的项目质量信息，建立质量信息数据库，为工程项目质量管理提供数据信息，改善传统模式下质量管理信息采集零散、处理方式不统一的状况，推动项目质量管理过程的自动化、信息化、可视化（侯杰，苏振民，金少军，2017）。

基于新一代信息技术的项目目标智慧管理旨在借助新型的技术手段对项

目的五大管理目标进行全面、准确、动态的把握，并借助智能化的分析、处理手段对项目的实际运作状况进行及时纠偏和动态控制，推动项目目标的实现。

2.1.2　项目生命周期的智慧管理

工程项目管理的目的是确保项目实施各阶段按时交付成果。在工程项目生命周期中，会生成并交换大量带有相关数据的文档，这些文档数据具有分散性、格式多样性等特点。其中，许多数据需要在不同阶段之间共享，这种复杂性加剧了项目管理的难度。项目生命周期的智慧管理是从工程项目决策、规划、施工、运维四个阶段出发，将智慧技术融合应用于项目生命周期的各阶段，辅助项目实施过程中各个阶段的信息统计、决策支持、智能分析等，助力提高项目各环节的管理效率，高效完成各阶段的交付成果，切实提高项目管理效率和水平。

2.1.2.1　基于 BIM 的项目全过程协同

设计阶段是实现工程价值、控制成本的关键环节（杨德钦，岳奥博，杨瑞佳，2019）。BIM 具有可视化、模拟性、优化性和可出图性等优势，加强了设计部分各专业之间的协调联系，从而进一步提高沟通效率，加强对设计质量的控制。BIM 的运用推动了建筑设计方法的演变，传统的平面设计开始转向三维的空间设计，改变了二维设计仅关注平面功能和形象的状况，将设计与建筑空间之间的联系变得更加紧密，为空间设计提供了更加有效的技术支持（陈家远，石亚杰，郑威，等，2017）。

BIM 协同设计为不同专业的设计人员提供了一个公共平台，通过三维设计模型实现即时沟通和信息共享。当然，为了保护隐私，平台也会通过设置不同的权限和规则保障平台的运行秩序。BIM 模型包含了几何参数和非几何参数，利用模型参数化可以使构件的参数之间实现关联性变化，有效解决二维设计反复修改的缺陷。通过 BIM 模型的可视化碰撞检测与管线综合，减少各专业之间出现“错漏碰缺”的情况，优化管线排布和净高，减少施工阶段的返工现象。BIM 模型在建筑性能分析方面起到了重要作用，例如借助 BIM 模型可实现景观可视度模拟、日照采光模拟、风环境模拟、人流疏散模拟等，利用软件将建筑物的各方面性能指标通过可视化的方式展现出来，为进一步优化设计项目实施提供了数据支撑和保障。

（1）BIM ＋ GIS

BIM 模型可以形象创造拟建项目内部的对象，GIS 模型则可以科学分析项目已有的对象，有效弥补 BIM 模型在空间分析能力方面的缺陷。将 BIM 和 GIS 整合一体化，可以实现建筑供应链设计可视化和物料监控可视化，从而保证工程项目中的物料交付工作顺利进行，全面把握供应链过程。在设计阶段，主要利用 BIM 模型，提供精确信息数据，生成所需物料清单；在物流阶段，主要利用 GIS 模型，借鉴数据仓库的思想，对项目供应链环境进行大范围空间数据分析、数据挖掘、数据存储、数据管理，建立一个精确的参数模型来确定详细的物料和建筑构件的属性信息，确定最优供应商和最优运输路线，使订单、仓库和运输之间的联系更加紧密。当库存管理模型和运输管理模型进入供应链，BIM-GIS 模型通过描述物料的流动对供应链不同环节的物料在不同阶段的状态进行可视化监控，将实际情况与计划状态进行对比分析，及时更新 BIM 信息，从而沿着供应链减少全过程的成本，缩短物料的交付时间。通过物流可视化、资源可利用度和内部供应链图，在物料情况与计划不符时发出物料预警信号，提高建筑供应链监控管理的效果（郑云，苏振民，金少军，2015）。

（2）供应链信息流协同模式

在供应不确定的环境中，通过形成以工程项目总承包商为核心的供应链信息流协同模式，可达到优化整个项目供应链、提高整体绩效和竞争力的目的。该模式以由多个供应商、单个总承包商、贷款方以及工程监理等组成的工程项目供应链为研究对象，采用供应链协同的减量模型，经过案例分析和

Monte Carlo 仿真方法实验发现，与供应链信息共享的传统模型相比，基于云计算的供应链信息流协同模型能够让多个供应商进行更低成本、更及时、更充分的横向信息共享，实现供应工程材料协同，有效降低供应链的成本，提高供应链的绩效（卫飚，李毅鹏，2014）。

（3）重大工程建设与运营智慧管理系统

在重庆国际博览中心工程建设中，针对建设工程常规管理方式中存在的现实时空信息缺乏、信息孤岛、辅助决策不智能等局限，在地上、地下、室内、室外多个不同的时空信息及传感数据采集、建模的基础上，利用集景三维空间信息基础平台，研发构建了“重大工程建设与运营智慧管理系统”。这个系统分为建设智慧管理子系统和运营智慧管理子系统两大块，具有智能规划设计、空间信息三维展示、运营安全监测、施工动态监管等功能，为规划、设计、施工及运营等环节提供了全过程一体化的空间信息服务（明镜，李响，李劼，2014）。

2.1.2.2　基于 GIM 的电力工程全过程协同

与传统的技术手段相比，BIM 模型具有全过程信息共享功能，但局限于单一的建筑模型，与电网这类网状结构之间存在较大的差异性（盛大凯，郄鑫，胡君慧，等，2013）。在电气设计方面，为了满足变电站全生命周期管理，国网在 2017 年 9 月发布了《输变电工程三维设计模型交互规范（试行）》，其中提出了 GIM（grid information model，电网信息模型）概念，计划建立一个以 GIM 为基础的数据库，实现跨平台信息共享及采集（朱克平，何英静，倪瑞君，等，2019）。

GIM 模型源自 BIM 模型，以电网工程中各专业的参数化信息为基础，进一步吸取地理信息数据（GIS），同时结合输变电工程的特点，借助信息化建模和数字化协同设计等技术，实现输变电工程中三维可视化与信息共享的功能（丁宽，2020）。2018 年，国网经济技术研究院通过制定统一的数据架构、编码体系、交互方式、设计深度和成果形式，自主制定了可扩展的、适合输变电工程建设和三维设计需要的国家电网 GIM 标准体系，对设计对象、过程、成果进行统一规范，制定了覆盖全专业、全过程的技术标准体系，并建立了涵盖上下游各业务环节的数据对接标准。

2018 年初，国网浙江省电力有限公司（以下简称国网浙江电力）依托国网基建部的输变电工程三维设计试点建设，在各地级市开展输变电工程三维设计试点工作，进一步提升三维设计专业能力，推进三维设计工作的开展。2019 年 12 月，国网浙江电力进入了变电站三维设计全面应用阶段。在 110 千伏百步变电站新建工程的电缆敷设设计中，打破传统电缆敷设中二维设计的局限，采用基于 GIM 的三维设计，有效实现了设计成果的直观可视化，并且避免了实施过程中的设计变更，减少了设计阶段的相关材料开列，有效缩短了工程时间，降低了工程造价。

GIM 通过把电网组成元素数字化，以信息模型为载体，集成每个元素的全生命周期信息，将基于信息模型的三维设计成果推广到项目施工建设阶段，提高了输变电工程施工的数字化和信息化水平，也为实现工程数据全生命周期应用价值最大化创造了技术条件。针对当前变电站工程施工组织设计无法精确进行信息化改造的问题，青海冷湖 330 千伏新建变电站项目基于三维空间图形显示技术和先进成熟的数据处理方法，应用 GIM 数据预处理和三维解析、施工工序的分解和抽象等关键技术，开展了变电站施工方案推演的应用探索，实现了在三维设计成果基础上的施工组织设计、辅助施工方案优化和辅助施工进度管理，有效提升了施工方案的质量和效率（杜宏，李凤亮，王军，等，2020；宋晓宁，杜宏，2020）。

在职能管理方面，利用 GIM 三维设计成果开展变电站技经计算，通过业务梳理建立技经数据模型，从三维设计模型属性集研究、标准提资模式研究、编码体系对应规则研究、定额清单对应规则研究等多方面入手，满足三维模型“自动算量提资→自动套价→自动组价”需要，实现三维设计至工程造价的快速衔接，能够对国网主要典型变电站、线路通用设计方案的三维设计成果进行解析，并输出符合造价文件编制要求的工程量表（张辉，贾存曜，耿世英，等，2020）。

基于 GIM 的架空输电线路工程造价智能算量方法，可有效解决现有造价编制依赖手工、造价合理区间人工评审自动化程度低、造价数据分散存储共享性低等问题，智能生成工程量数据，并依据算量结果对 GIM 可算性进行分析，打破数据壁垒，减轻工作人员负担，有效提高工作效率（魏惠敏，2020）。

2.1.2.3　其于“互联网＋”档案管理的项目全过程协同

工程项目是多种技术与阶段性建设成果相结合的综合性工作，具有建设周期长、参与单位多、文件种类繁杂和档案成套性强等特点。工程项目档案管理即面向工程项目所进行的涵盖建设、勘察、设计、施工和监理等各个环节的档案管理活动，围绕工程项目的全过程建设展开，涉及准备、设计、组织与实施、工程决算、竣工验收和竣工决算等各个环节。因为建设单位较多且工程项目档案管理自成体系，加之传统档案管理以竣工后档案部门单向接收为主，档案人员并未直接参与到工程建设的各个环节，对各参建单位建设状况缺乏深入了解，在一定程度上影响了档案管理的效果。特别是那些具有原始记录性的档案，可以真实反映工程项目各阶段建设状况，对项目后期的管控、改建、维护和验收意义重大。

“互联网＋”档案管理是指运用云计算、大数据、移动互联网等技术，将“互联网＋”的跨界思维、人本理念与档案管理相融合，促进档案领域的变革创新，推动档案管理及服务的立体化、多元化与共享化。“互联网＋”催生了技术运用，实现了档案系统的实时管控，采用跨业务、跨阶段式管理，改变传统的单向生成和流转模式，其“前端控制”“全过程控制”理念对传统管理背景下的“事后控制”“自行管理”模式带来了极大的冲击。

云计算技术所具有的经济、易用、安全、动态可扩展等诸多特点能够在工程档案管理中发挥应用优势，并且相关的先进技术、安全便捷的云计算资源中心可以满足云计算应用于工程档案管理的软硬件条件。在系统应用的总体方案方面，基于云计算的建设工程档案全过程监管模式主要通过云计算技术，将工程档案管理云平台部署在云计算资源中心，同时引进人工智能专家系统，以档案业务规则库为核心，通过规则推理引擎，利用档案管理过程中产生的不同业务数据，对档案轨迹的各个环节进行优化，并根据构建的虚拟专网，搭建不同的档案业务分支管理系统，为参与工程项目的各个组织部门提供全过程档案信息化管理应用服务，打造四位一体的新型档案信息化应用模式，通过提前介入、事前控制、全程监控、跟踪指导实现档案收集的齐、全、准，真正实现工程档案与工程建设同步管理的目标。

2.1.2.4　基于信息采集系统的项目全过程协同

杨德钦等（2019）构建的工程项目信息采集系统从项目全生命周期出发，将 BIM、物联网等技术应用于系统平台建设，将智慧建造与精益建造理念进行融合，获取全生命周期信息，进行工程项目全过程信息交互，贯穿项目立项规划、设计和采购、施工及运维全过程。在立项阶段，按照业主的需求对工程目标系统的总体框架进行设计和构建，将总目标分解为各职能管理目标，并进一步细化到项目各阶段和组织各层次，同时导入智慧建造平台，为各参与方制定决策、编制计划、实时控制提供依据；在设计阶段，借助 BIM、物联网等技术对设计方案所涉及的建筑构配件、产品等信息进行参数化、标准化处理，在此基础上开展信息流的存储和交互工作，并以准确、高效、低成本的方式保障设计、采购阶段的信息传递；在施工及运维阶段，利用 RFID、GIS/GPS 等感知、测量技术构建现场监控系统，获取工程项目过程所涉及的人员、机械、材料、环境等信息以及项目的运行状况。通过 BIM、云计算、物联网等技术将获取的信息与数据接入信息网络，最后借助智能计算技术，分析海量数据和信息，并进行标准化处理，便于工程信息的统一管理和维护，进而提高信息的真实性和时效性。

借助新一代信息技术，可促进工程项目运作各阶段的智能化管控，将项目生命周期各阶段紧密衔接，有助于加强项目管理的整体性、系统性，同时各阶段的智慧管理也能够打破传统项目管理中各阶段信息统计难的局限，助力阶段性的决策和交付成果的更高效实现。

2.1.3　项目主体的智慧管理

建设工程项目管理通常涉及政府主管部门、设计单位、建设单位、承包单位、监理单位、咨询单位、行业协会等相关组织。工程项目整个生命周期中会产生大量的信息，这些信息在不同参与方、不同项目阶段之间，通过不同的方式进行传递，而不同的方式具有不同的传递效率，不仅会影响工程建设不同阶段的衔接工作，更与工程项目各参与方之间的沟通、决策与协调有着密切的联系。项目主体的智慧管理是以项目各参与主体为核心的全方位管理，利用新一代信息技术，针对如何存储、管理和共享工程实施过程中产生的信息问题，优化信息传递的流程，加强各参与主体的协作，提高管理决策的效率。

建设工程项目的全方位管理包括两层含义：一是指各管理主体依据职责分工完成各自的全要素目标管理任务；二是指各管理主体之间相互合作，共同对工程建设全要素目标进行管理。因此智慧管理下的全方位管理理念，要求各管理主体基于项目全生命周期，在履行各自传统职责的同时，将管理工作延伸至工程建设全过程，与其他管理主体协同工作，实现对建设工程的集成化管理。

2.1.3.1　基于 BIM 的协同管理

BIM 以工程项目的各项信息数据为基础，建立能够同时应用于设计、建造、管理三大领域的数字化平台，使得整个建设项目生命周期中的信息统一，实现数据共享，让建筑工程在整个设计施工进程中提高效率，减少风险损失。

基于 BIM 的协同管理平台，可以从根本上解决项目各主体沟通时产生的“信息孤岛”问题，还可以实现项目各主体之间的信息交流和共享。在实际施工中，建设项目的设计团队、施工单位、设施运营部门和业主等各方人员在 BIM 数据平台中实现共用信息共享，并进行有效的协同工作，实现项目全生命周期的工程质量、成本、进度和安全的协同化管理，节省资源、降低成本，以实现可持续发展（吴迪迪，2017）。

在各管理主体之间的协作方面，以 BIM 构件作为基本管理单元和信息载体，将施工过程划分为信息采集、存储、组织、传输与应用环节，通过分析各施工管理场景与数据结构，将 BIM 和企业 ERP（enterprise resource planning，企业资源计划）管理系统进行集成研究，基于事件对象建立一个协同管理施工过程的模型。借助 BIM 技术开展施工过程的协同管理，一方面可以利用 BIM 的常规功能，包括施工过程的碰撞检测、施工模拟、工程量计算等；另一方面形成以 BIM 为核心、支撑施工项目中各参与方业务管理标准化运转的协同管理模型（周勃，任亚萍，2017）。通过施工现场管理人员对进度、质量、安全等相关要素的信息反馈，将收集到的信息录入、汇总、存储到企业管理系统中，便于数据跨项目、跨部门使用与挖掘。项目部级 BIM 系统可以动态地读取 ERP 管理系统中的各类型信息，动态加载与渲染构件模型，实现工程可视化展示和三维分析。项目部可以按照模型与现场的对比结果，对信息进行编辑与控制，并提交企业管理系统进行报备，从而构建“施工现场—项目部—企业职能管理部门”渠道上的数据联动和协同管理。

在风电建设项目中，以 BIM 技术为核心的工程建设阶段三维模型数据集成平台，以模块化的形式集成智慧物流和智慧管理两大功能，促使建设项目各参与方的多维信息集成一体。运用 BIM、GPS、二维码等技术打造工程建设智慧物流，实现三维实景建模、物流运输实时监控、运输方案模拟和道路勘测等功能，达到智慧物流可视化、模块化、数据化的目的，提出智慧管理解决方案（刘凤友，权锋，徐汉坤，2020）。

在输变电工程建设中，建立基于 BIM 技术的智慧建造协同平台，定位于业主（建设单位、工程建设管理单位）与设计单位、施工单位、监理单位、审图机构、设备商等跨组织、跨地域的业务协同工作平台，并将国网输变电工程三维设计模型交互规范的 GIM 文件进行数据格式转换，实现 Web 端的显示，形成完整的平台解决方案和实施路线，在国网大力推进三维设计的基础上，实现输变电工程建设过程由模型应用向信息化集成应用的转变（张昊天，2020）。

2.1.3.2　基于云计算技术的协同管理

云计算技术在水利工程建设中也具有加强项目各主体间协同的应用意义。在出山店水库工程中，基于云计算技术的多主体协同管理平台提供了综合信息服务，集进度、质量、安全、合同、档案管理和检测试验于一体，解决了水利工程实现信息化管理面临的模式传统、手工管理、分散管理、低效率等难题（陈祖煜，杨峰，赵宇飞，等，2017）。

2.1.3.3　基于供应链的协同管理

在供应链多方协作方面，信息失真、传递滞后、信息不对称等问题在项目建设过程中普遍存在，导致同一项目中的各参与方之间产生信任危机。虽然借助 BIM、互联网、物联网等高新技术形成的信息平台可以在一定程度上加强信息交互能力，降低信息割裂程度，但这些信息平台仍然需要业主进行统一的规划和协调，未能形成一个可以聚集所有参与方、贯穿项目整个生命周期的信息共享平台。将区块链技术应用到项目供应链管理，可以实现建筑材料流转过程中的溯源、存证、互信、沟通等功能，有效连接供应链上的各参与方，构建一个互信共赢的供应链体系。鉴于区块链技术具有去中心化、智能合约、非对称加密等特点，供应链上各方可以快速建立起共识机制和信任关系，从而实现缩短工期、降低风险、降低沟通成本、提高效率等目的（杨德钦，岳奥博，杨瑞佳，2019）。

2.1.3.4　基于区块链的协同管理

利用区块链技术构建的工程项目供应链信息集成平台，就是以将供应链中的上下游企业协调同步为指导思想，将区块链、物联网等技术集成作为支撑，促使供应链上的信息流、资金流和物流实现三流合一，将业主方、设计方、施工方、监理方、运营方等协同为一个整体，打造一个高度集成的供应链信息平台，提高项目的信息传递效率。

2.1.3.5 基于物联网的协同管理

基于物联网的建设工程监管模式，建立了建设工程全生命周期监管层次和架构，将设计单位、建设单位、施工单位、勘察单位、监理单位、物业单位和政府监管部门通过互联网进行信息的联通与交互，通过传感器、RFID和条形码等技术在项目各周期采集信息，实现对工程项目全生命周期的监控管理（郑应亨，邓伟，张凯，等，2019）。

物联网、云计算、区块链等新一代信息技术的出现，为实现项目各主体间的协同提供了新的技术手段和解决方案，有力地促进了工程项目管理各参与方之间的协作，优化了项目信息在不同主体间的传递效率，加强了参与各方内外部之间的沟通与协调，对提高项目管理效率、克服信息“孤岛效应”具有重要意义。

2.1.4 项目施工现场的智慧管理

项目施工现场的智慧管理是以施工过程的现场管理为出发点，借助云计算、大数据、物联网、移动互联网、人工智能等新一代信息技术，对施工现场的“人、机、料、法、环”等关键因素进行监测、控制，形成互联协同、信息共享、安全监测及智能决策的施工信息化生态圈，实现工程施工的可视化智能管控（姜维杰，徐斌，廖玉龙，等，2019）。

中国建筑五局广东公司（2014）基于物联网检测技术开发了现场智慧管理系统，主要包括两个系统和一个模块，即实时安全智能监测系统、分析与预警子系统，以及安全检测数据存储与分析模块。该系统实现了外脚手架在搭设、验收、日常运维、拆除以及各阶段的安全检查内容和相应的安全检查签署人信息的集成管理，在保证脚手架施工安全管理的同时，为外脚手架安全信息查询、检索以及后续的安全管理和责任追究提供依据。

在施工机械设备方面，为做到对项目各种机械设备的有效管控，提高机械设备使用效率，可应用物联网技术对设备进行管理。通过对现场施工机械安装各类传感器，借助网络传输系统，将机械的活动状态、工作时间、怠速时长、地理位置、油耗数据等实时数据上传至云端，实现对不同类型机械的远程实时监控。并通过台班管理、效率分析，实时、定量反映机械设备的利用率，提高项目管理和成本把控能力（杜珍萍，2020）。

工程施工过程中，基坑作为一种危险源，在近年来的工程建设中，不断向大深度、大面积方向发展，周边环境日益复杂，深基坑开挖与支护的难度也越来越大，因此基坑信息化施工越来越受到行业重视（徐斌，崔鹏程，方靖宇，等，2020）。为了保证施工安全、顺利进行，在基坑开挖和结构构筑期间实施严密的监测工作意义重大。针对施工企业管理研发的自动监测数据分析与预警系统，在武汉市某深基坑中得到应用，实现了数据的实时发布。系统能方便地实现数据录入和编辑，同时能够实现监测数据的自动发布与分析，客户能够根据规范和现场情况灵活设置报警值，实施对基坑施工的动态管理（赖国梁，张松波，陈国，等，2021）。齐红升等（2020）开发了深基坑智能联网监测与预警系统，能自动采集基坑信息并进行数据分析预警，提升了监测效率和安全保障能力。可见，利用先进的自动检测技术能有效确保工程施工现场和周边环境的安全。

高支模体系在现代工程建设中越来越常见，相关研究解决了超高层模板脚手架临时支撑体系的参数化建模、设计、计算分析与施工管理等关键性问题，通过读取 CAD 结构图并建立 BIM 模型，模型智能识别和自动验算，可实现临时支撑模板体系材料选择、智能排布以及安全计算分析，并对施工过程进行实时智能监测，确保危大工程支撑模板体系施工的安全（陈真畅，郑海涛，周豪，等，2020）。

杭州绕城西复线湖州段软基处理工程中，应用了基于物联网技术的搅拌桩施工远程监测系统。通过安装在施工设备上的传感器（深度传感器、流量传感器、转速传感器等），可同时监测喷浆量、喷浆压力、钻进深度、提升速率等数据，并及时上传到信息化智慧云平台，生成原始记录表和曲线图。施工管理人员可以通过计算机和手机查看现场施工情况，实现了水泥土搅拌桩建设的全过程跟踪、可反馈、可追溯和质量数字化（张振，沈鸿辉，程义，等，2020）。

综合而言，项目施工现场的智慧管理借助新一代的信息技术，对施工过程中的人员、设备、场地环境等信息进行数据采集、识别、监控，从而达到智能管控的目的。实现施工现场智能管控的途径是通过各类传感、监测设备和算法优化对现场采集的“人、机、料、法、环”要素数据信息进行分析处理，并依靠人工智能等技术做出智能预警判断，并辅助决策，形成施工现场可视化、精细化、智能化管控。

2.2 国外工程项目智慧管理的理论研究与应用实践

国外对工程项目的智慧化管理也展开了诸多研究和应用探索。相比较而言，国内对工程项目的智慧管理更侧重于对系统整体的规划和应用研究，在项目目标、项目生命周期和项目组织协同智慧管理中，大数据、云计算和物联网等新一代信息技术的系统应用居多，多针对单方面的应用进行系统层面的设计和规划，进度、安全、造价和质量等项目管理目标的研究更多地基于BIM的集成应用和智能管理系统的建设。而国外对工程项目智慧管理的研究更侧重于项目目标、生命周期、组织协同的技术创新性研究。针对项目目标的智慧管理，国外研究多集中在优化、改进工程进度、质量的方法上，从而加强对工程项目的高效智能化管理。在工程施工现场智慧化管理的研究和实践中，国外具有更深入的技术创新研究和更丰富的实践应用，形成了更具系统性的施工现场智慧化管理体系。

2.2.1　项目管理目标的智慧管理

结合项目目标和约束，确定工程项目人员、物料、仪器设备和空间位置等近似最优分配方案对项目管理目标的实现具有重要的作用。国外在这一方面的研究相对较少，因此，传统的调度方法或模型往往是一种凭主观经验的管理方式，而不是通过分析真实数据来做出决策。在一个统一的环境中，整合成本、人员、空间、人力、仪器和物资等大多数关键性施工要素的智能调度系统（intelligent scheduling system, ISS）能够借助模拟技术对资源进行分配，并对每个模拟周期中的每项活动的优先等级进行排序，找到近似最优解决方案，有助于项目管理者更高效地拟订最优计划，这种多维度集成的调度系统有效促进了工程建设项目各目标的有效实现（Chen, Griffis, Chen, et al., 2012）。

2.2.1.1　进度管理

在进度管理中，尽管项目业主都非常重视项目进度和预算，但超过 53% 的建设项目存在进度落后，超过 66% 的建筑项目存在成本超支，部分原因是无法准确掌握项目进度（Han, Degol, Golparvar-Fard, 2018）。BIM-4D 模型是使施工计划可视化的具有里程碑意义的强大工具，它的一个重要用途是支持施工操作和进度的实时监控和跟踪。然而，在目前的实践中，由于信息延迟和数据不一致问题，基于文件的 BIM-4D 模型在及时共享和最新进度信息可视化方面存在局限性。一种由 Web 和数据库支持的可视化方法，通过所设计的中央数据库结构，能够将每个可视化的 BIM 对象自动更新，克服了 BIM-4D 模型信息延迟和数据不一致的缺点，实现施工操作和进度的实时共享和可视化（Park , Cai, Dunston, et al., 2017）。

进度更新被定义为测量项目状态、预测其完成日期以及向项目经理提供关键进度信息的过程。更新后的进度信息有助于项目管理人员评估项目进展，并采取适当的行动，以按时按要求完成项目。在目前的实践中，大多数时间表更新都是手动执行的，需要相当多的时间和精力，并且依赖于主观经验。有研究使用来自建筑工地的三维（3D）点云数据和包括计划时间表的四维（4D）模型，自动更新进度，并向项目经理提供关键的进度信息，有助于实现进度更新过程中所有步骤的自动化。通过自动更新时间表，可以使实践更有效率，并且以可靠和客观的方式执行时间表更新过程（Son, Kim, Cho, 2017）。

有研究基于序列学习和非序列学习（sequence andonsequence learing）的建设项目竣工进度估算新方法，开发了一种新的推理模型，即神经网络—长短期记忆模型（NN—LSTM 模型），通过将显著影响项目持续时间和建筑领域固有不确定性的序列因素和非序列因素考虑在内，来准确估计竣工时间。该研究表明，NN—LSTM 模型比当前流行的挣值管理（earned value management, EVM）公式更可靠，并在对比测试中证明其优于其他人工智能预测模型。该模型能够为项目经理生成可靠的进度信息，以便准确规划和监测项目的执行情况，从而及时采取补救行动，并促进知情决策（Cheng, Chang, Kori, 2019）。也有研究提出了新的基于几何形状和外观（geometry appearance-based）的推理方法来检测施工进度，即使用总承包商已经收集的可视化数据来进行进度测量。首先，检测 BIM 元素的构造状态（如进行中、已完成）；其次，通过识别不同的物料类型来捕获具体进度信息。这个模式有两种方法：基于纹理的三维点云推理和基于颜色的激光扫描点云推理，并以两个案例验证了所提方法的有效性和实际意义（Han, Degol, Golparvar-Fard, 2018）。利用视觉数据和 BIM 的进度监控方法也为工程项目进度管理提供了可靠的手段和方法。

建筑项目中的工作空间被认为是一种资源和约束，也需要在项目进度管理中得到妥善安排。如果没有科学合理的工作空间规划，建筑工地可能会经常发生时空冲突，即同时从事不同作业活动的劳务人员共享一个作业空间，这会严重阻碍施工活动的进行，降低生产效率并影响项目进度目标的实现。对此，国外研究了一种新的四维建筑信息模型 (BIM-4D) 动态冲突检测和量化系统，用以识别不同活动工作空间之间的冲突并量化其对项目绩效的影响。

在不同时间间隔内，基于工人在指定作业空间中的移动路径，定义了4种执行模式，结合4个起始位置，得到16种执行方案。然后通过定量计算冲突对生产效率的影响来评估冲突的严重程度。研究表明，该系统可以更精确地执行冲突检测（Mirzaei, Nasirzadeh, Jalal, et al., 2018），对项目的进度管理具有重要作用，有利于提前进行冲突评估，确保项目进度按计划顺利进行。

2.2.1.2　安全管理

安全管理集中在对施工现场的安全监测、识别和预防上。将计算机视觉中的深度学习目标检测算法应用在施工现场管理中，能够自动识别现场的人员是否佩戴安全帽，并对施工现场的监控视频进行自动预警，确保施工过程中的工人安全（Fang, Li, Luo, et al.,2018）。可穿戴传感技术的出现为实时收集和分析工人的安全和健康数据带来了前所未有的机遇，各种可穿戴传感设备，包括运动传感器（如惯性测量单元）和生理传感器（如心率传感器、电热式传感器、皮肤温度传感器、眼睛跟踪器和脑电波监视器）等应运而生，用来检测潜在的安全危险并持续监控建筑工地上工人的安全和健康。这些设备以接近实时的方式捕捉建筑工人的生物数据，是工程项目安全研究领域迅速发展的一个热点。例如，运动传感器（如加速度计和陀螺仪）被用来捕捉工人在工作时即将摔倒和不协调的姿势，腕带式活动跟踪器或智能手表用于监测工人的生理数据，以进行情绪或压力评估等。也有研究探讨了使用可穿戴鞋垫来评估作业工人安全和健康风险水平的可行性，这种评估方式通过穿戴式足底压力检测系统采集加速度和足底压力的分布数据来自动识别与过度劳累相关的建筑工人的身体状况，并基于人体工程学原理来评估工人的安全风险水平。这一研究有助于开发一种可穿戴鞋垫压力系统，用于持续监测和自动识别工人活动，帮助研究人员和安全管理人员识别和评估与过度劳累相关的建筑活动（Antwi-Afari, Li, Umer, et al., 2020）。

危险识别作为风险管理的首要步骤，是减少安全事故和其他相关损失的重要程序。Wang等（2018）研究表明，很大一部分工作场所的危险仍然没有被识别出来，而且识别过程也很耗时。为了提高工作场所危险识别性能，借助等价类变换（equivalence class transformation）算法、变化挖掘 (change mining) 算法、数据可视化 (data visualization) 等数据挖掘技术的关联危险预测方法 (associated hazard prediction method) 应运而生，它通过对历史风险信息的数据挖掘，提取与已识别风险相关的关联规则和变化，进而预测其他关联风险信息，包括类型、概率和变化趋势，以辅助风险识别和管理。一方面，可对相关风险信息进行预测，帮助管理者提高辨识的针对性，从而解决风险识别不完整的问题；另一方面，在数据可视化技术的帮助下，管理者可以直观地了解潜在风险之间的关系，获得更多有价值的信息，以便及早识别和防范风险。Park 等 (2016) 的一项研究集成基于蓝牙低能耗技术（bluetooth low-energy，BLE）的位置跟踪、BIM 和云计算等技术，通过定义不安全区域、监控工人的位置以及基于工人对不安全区域的接近程度进行统计分析来自动监控建筑工地的安全状况。其他前沿的信息技术（如建筑信息建模、计算机视觉技术以及数据挖掘和管理等）也不断被用来加强风险检测能力，提高工作效率并有效降低工程施工现场安全事故发生率，提高现场的安全性（Ahn, Lee, Sun, et al., 2019）。

安全管理的另一重要方面是接触碰撞。工程施工现场是动态的信息密集型环境，人员、设备和材料不断流动，在空间固定的施工范围内，如果没有科学合理的现场协调和物流规划，拥挤的工作空间可能会导致各种潜在危险，甚至危及生命（Rashid, Behzadan, 2018）。这些危险的特点是接触碰撞，可能对施工人员的安全和健康构成威胁。位置感知和跟踪技术作为主动安全警报系统的核心，通过对施工资源的位置进行临近性分析，向靠近危险源的工人发出警告，以实现显著减少接触碰撞。Hu 等（2020）基于机器视觉（machine vision）的智能安全管理也成为减少施工期间碰撞安全事故必不可少的手段。为防止施工现场工人与机器之间发生碰撞，有研究者基于机器视觉提取与施工现场每个对象的安全评估有关的前兆语义信息（precursor semantic information），设计了实时智能评估系统，使用模糊神经网络评估被监控对象的安全状态，确定影响工人与机器之间交互操作安全性的关键因素，具有较高的跟踪精度和预测精度。同样，Zhang 等（2020）基于计算机视觉（computer vision）的技术，为预防碰撞事故提出建筑工人安全评估方法，以监控摄像头为辅助管理工具，利用图像识别技术研究和分析建筑工人和设备空间信息，通过设置安全阈值，使建筑工人对施工环境有更准确的认识，并且可提供更多的建筑安全信息。云计算等技术的发展，以及工作现场智能设备和可穿戴设备的普及，提供了一个将现场人员连接到虚拟模型的绝佳平台，为防碰撞安全事故的前沿研究创造了更多的可能性。

2.2.1.3　质量管理

在质量管理方面，已有研究提出了利用传感器系统对工程质量进行检测的概念，包含一系列模块，如设计数据采集、质量目标及检测方案确定、工程施工数据采集与分析、质量缺陷判定和控制等（Akinci, Boukamp, Gordon C, et al., 2006）。

基于 RFID 技术来积累、管理、监控和共享与工程质量相关的数据，对工程建设质量管理具有重要作用（Wang, 2008）。依靠 RFID 技术的质量管理系统，能够作为质量数据采集、过滤、管理、监控和共享的平台，将 RFID 技术与移动互联网和门户网站等信息技术集成，提高了信息流的有效性和灵活性。基于 RFID 的质量检测和管理系统（RFID-QIM），能够显著加强质量监测数据的自动化采集和信息管理。例如，在桥梁工程的质量管理中，利用 RFID 技术、无线传感器网络技术和闭路电视系统，可对桥梁主要构件的装配施工和质量安全进行实时监控（Tan, Daamen, Humbert, et al., 2013）。同时，RFID 技术、BIM 和 3D 激光扫描技术等也被应用于检测混凝土预制尺寸、表面质量及裂缝问题（Brilakis, Lourakis, Sacks, et al., 2010）。对混凝土的早期抗压强度进行估算，在建筑行业的质量控制中至关重要，具有创新性的物联网（internet of things, IoT）系统，可用于实时监测工程、建筑行业中混凝土的早期抗压强度。该系统由温度传感器和基于云平台的 Wi-Fi 微控制器组成，使用建立的混凝土成熟度关系（maturity relationship）来预测所选混凝土混合物的早期抗压强度，具有较好的效果（John, Roy, Sarkar, et al., 2020）。

2.2.1.4　成本管理

在成本管理方面，近年来，建筑、工程行业越来越多地采用 VR 工具和应用程序，通过输入数据来创建环境。在建筑领域，针对制定结构化材料选择框架时的广泛材料选择问题，为解决初步设计阶段的设计变更问题，通过在 VR 环境中使用协作功能使用户能够输入他们的设计偏好，并在 VR 头盔显示器（HMD）中直观地接收到初步成本变化，进行材料成本估算。用户可以身临其境地与三维模型进行交互，并以可视方式实时接收更新的成本估算（Balali, Zalavadia, Heydarian, 2020）。建筑项目的信息密集型特性要求现场员工能够按需访问建筑项目数据，如平面图、图纸、时间表和预算，准确和及时地识别和跟踪施工组件对保障施工项目成本管理效果至关重要。位置跟踪技术通常分为室内（室内环境中的位置跟踪）和室外（室外环境中的位置跟踪），Behzadan 等（2008）提出将无线局域网（WLAN）应用于室内跟踪并将全球定位系统（GPS）应用于室外空间情景跟踪的技术，并在室内和室外环境中进行了验证,借助 AR 技术,帮助项目人员轻松便捷地获取项目计划、进度、图表、预算等信息。

由于建筑项目和施工环境的复杂性，需要实行项目的多目标管理和决策，但支持多目标决策并不是一件轻而易举的事情。目前，BIM 支持此类流程的能力有限。施工环境影响模拟（simulation of environmental impact of construction，SimulEICon）是一个与 BIM 集成的软件应用程序，专为辅助建设项目设计阶段的决策过程而设计。该工具能够根据三个目标：时间、成本和环境影响（以二氧化碳排放量为指标），在建筑层，甚至在特定的材料层，找到建筑构件的最佳组合方案，并利用遗传算法进行优化。该工具能够在建筑物级别或仅针对特定构件找到所有组件的最佳组合方案，并在三维或四维模型中实现可视化，以支持决策过程（Inyim, Rivera, Zhu, 2015）。

2.2.2　项目生命周期的智慧管理

经验教训系统是将建筑知识纳入建筑项目生命周期各个阶段的重要手段。许多这样的系统是针对所有者组织的特定需求和工作流程定制的，以克服信息收集、文档编制和数据检索方面的困难和挑战。以前的工作主要开发传统的本地数据库或基于网络和基于云的数据库管理系统，以存储和检索以往项目中收集的经验教训。这些经验教训系统独立运行，并且没有充分利用与新兴 BIM 技术集成的优势，因此很难实现高效、快速地检索重点信息，以便在项目中随时利用以往经验教训，这是工程专业人员面临的一大问题。Oti 等（2018）将经验教训知识管理（lessons learned knowledge management）整合到 BIM 中，通过在 BIM 环境中嵌入非结构化查询系统 NoSQL (MongoDB) 来实现集成，以优化项目经验教训信息的存储和管理过程，从而有助于加强知识管理与知识重用 (the reuse of knowledge)。经验教训系统可以成为 BIM 的一个组成部分，有助于增强项目中的知识重用，并为将工程建设过程中的各种信息纳入项目全生命周期的各个阶段提供可能，有利于通过过去的经验教训来加强工程项目管理中的过程管理。

在有效地使用历史数据、提高决策效率方面，Pereira 等（2020）利用分布式模拟来提高安全管理系统的决策能力。这种分布式模拟方法主要用于在不修改数据仓库结构（data-warehouse structures）的情况下集成历史数据，将数据连接到基于人工神经网络的分析组件，以确定相关安全措施对事故级别的影响，同时将数据和分析组件连接到现有模拟组件合并输出，从而产生综合安全性能评估，成功地将来自多个来源的数据和分析与模拟组件进行融合和集成，显著提高了成本、人力和时间管理效率。基于分布式模拟的分析方法为工程建设公司更有效地使用历史数据、分析工具和模拟模型提供了很好的技术平台。

物流供应链管理（supply chain logistics management, SCLM）是项目建设过程中的重要环节，但通常存在许多问题。许多研究将 SCLM 本身视为要进行一系列决策，并将问题归因于流程和信息缺乏同步。现有的基于传感系统的 SCLM 仍无法实现双向的信息流通。如果没有与其他更智能化的方式进行有效结合，大多数感测系统都无法发挥全部潜力。在前人关于智能建筑对象的研究基础上，一种可增强智能建筑对象的系统能够增强过程和信息的并发性，为构建 SCLM 提供了更好的决策依据。通过业务流程再造，分析了 SCLM 现行实践中的问题，提出了支持智能建筑对象的 SCLM 系统的体系结构并将其开发为原型，在香港离岸预制房屋项目中得到了校准和验证，发现智能建筑对象具有意识、沟通能力和自主性，并内置于智能管理系统中（Niu, Lu, Liu, et al., 2017）。建构 SCLM 的重点是流程和信息的并发，即在整个 SCLM 流程中管理信息以支持决策。

2.2.3 项目各方主体协同的智慧管理

现代项目管理中复杂的信息处理任务要求不断做出决策，不断更新项目信息、更新计划。针对这种情况，各种信息和通信技术（ICT）不断得以应用，以解决信息管理问题，促进沟通和协作。

在各种 ICT 中，BIM 使团队能够通过基于模型的协作方法来更好地管理项目。将 BIM 整合到工程项目生命周期中，有助于实现一种新的项目管理范式，即基于 BIM 的项目管理（BIM-based project management, BPM）。BPM 将工程项目不同阶段的管理需求集成到功能应用程序中，并使用 BIM 模型实现高效的项目管理（Ma, Xiong, Olawumi, et al., 2018）。在水电项目工程中，利用 BIM 技术对水电项目建立协作管理的工作模型和协作平台，能够显著改善沟通效果和信息共享水平（Zhang, Pan, Wang, et al., 2017）

用于捕捉工程建设的现场施工情况的数字成像技术的显著进步，促进了其在建筑、工程、施工和设施管理中的广泛应用和普及。Golparvar-Fard 等

（2011）将 BIM 模型与工程的竣工效果图相结合，每天从施工现场收集各种照片并生成 4D 竣工点云模型，将集成的竣工模型半自动叠加到 4D-BIM 上，通过比较竣工效果图和当前的模拟竣工效果，及时发现绩效偏差。该方法还可以作为远程监控进度、安全、质量控制、现场布局管理的工具，并提高协调和沟通水平。

在建筑领域，随着建筑物的大型化、复杂化，施工项目在确保材料的储存和运输空间方面面临新的挑战。为建立 JIT 管理环境，根据施工现场的要求，工程部件的状态信息以及交付信息应有效地提供给计划、制造、运输、交付和安装过程中涉及的各参与方。整个供应链中产生的信息应该在一致的信息框架下收集和共享，这就涉及如何高效地实现各参与方之间的沟通协作。许多研究表明，RFID 和无线传感器网络（wireless sensor networks, WSN）技术可以加强各参与方之间的协作。

针对动态的供应链环境，需要制定一个统一的信息管理框架，以创建信息共享环境，对供应链中产生的信息进行统一收集、管理、共享。所有参与供应链过程的设备，如搬运机、拖车、闸机和吊机，能够与其他参与者进行通信，包括制造资源计划（manufacturing resource planning, MRP-II）、企业资源计划（enterprise resource planning, ERP）和项目管理信息系统（project management information system, PMIS），为项目利益相关方的决策提供有效信息，实现项目参与者之间的施工现场信息共享（Shin, Chin, Yoon, et al., 2011）。

了解工程部件的生产和交付状态对制定计划和执行施工作业至关重要，利用 RFID 技术，可以在运输过程中自动跟踪工程构件物流信息。类似的建筑供应链跟踪模型，在提高供应链运行的透明度和效率方面发挥了重要作用（Grau, Zeng, 2012; Xiao, Hinkka, Tätilä, 2013）。

在工程项目施工中，Khalafallah 等（2019）开发出了一个评估承包商安全绩效的计算机化平台，能够分析、评估承包商的安全绩效数据，描述当前和过去承包商安全绩效中领先和滞后的安全指标，从组织和项目两个层面进行分析，以相关国际安全标准为衡量指标，筛选出具有更高安全意识的承包商，最终给行业的安全带来重要保障。

2.2.4 项目施工现场的智慧管理

项目施工管理是工程建设项目管理的重要组成部分。对施工现场的关键因素进行及时有效的监测和管理，有助于保障工程质量、施工安全、工程进度以及资源的合理配置。典型的施工工作面监控系统包括四个主要功能：位置跟踪、活动识别、活动跟踪和绩效监控（Sherafat, Ahn, Akhavian, et al., 2020）。这些功能可用于确定一段时间内的工作顺序，以及评估工人和设备的健康状况，发现异常情况，有助于及时采取预防措施，尽可能地降低运营和维修成本，缩短停工时间。

施工现场中典型的数据可视化和资源自动化监控由两个层次组成。在第一层，识别并持续跟踪建筑机械和工人等资源的空间位置，并实时描述其移动轨迹，目的是收集施工资源实时的空间位置数据，以供进一步分析。第二层由三个子层组成，第一个子层次是资源活动识别。活动识别是一种试图确定哪种类型的活动正在发生的技术，用来识别不同的工人和机械设备在施工现场同时进行的不同的活动。第二个子层次是活动跟踪，旨在利用上一子层的活动来识别不同时间段的活动并持续跟踪，以便系统能够实时响应。第三个子层次为绩效监控，旨在确定哪些活动已完成并持续监控正在进行的活动的进度。项目绩效控制框架能够将上述两个层次运行的结果（如设备、工人的 4D 空间位置，活动识别和活动跟踪等）转换为过程控制指标，及时纠正偏离正常工作范围的活动（Sherafat，Ahn，Akhavian，et al.，2013）。机械设备是施工现场的重要资源，加强工程施工现场的机械设施监控和智能化操作运行有助于发现隐患并提高施工效率和生产率。针对重型设备的实时跟踪系统能够对施工现场的工人、材料和机械设备进行定位（Aguilar, Hewage,

2013）；实时三维智能扫描系统，能够获取施工现场重型设备及其周围环境的三维数据模型，确保大型设施设备在施工过程中的作业安全和施工效率（Wang, Cho, 2015）；三维的起重机评估系统（3D-CES），实现了移动式起重机运行效果的 3D 可视化，支持筛选出最高效的起重机操作方案，在确定安全性和生产率的基础上，还可以进行起重机吊装研究期间的起重机吊装时间表，即使在设计变更频繁发生的情况下，3D-CES 仍可以通过提供起重机数字举升信息来支持用户设计和选择最合适的起重机操作（Han, Bouferguene, Al-Hussein, et al., 2017）。

在施工现场的环境监测方面，主要是利用先进的自动检测技术有效确保工程施工现场和周边环境的安全，从而提高对项目现场的智慧管理。受限空间（confined spaces）监测系统集成了 BIM 和无线传感器网络技术，可实时监测施工现场的温度、有害气体成分等环境指标，为现场作业人员提供安全预警（Riaz, Arslan, Kiani, et al., 2014），在确保工人安全和加强环境保护方面起到了重要作用。

2.3　国内电力基建工程建设智慧管理应用典型案例

2019 年，国网提出了“三型两网、世界一流”的战略目标，即瞄准世界一流，打造枢纽型、平台型和共享型企业，建设运营好坚强智能电网和泛在电力物联网，顺应“云、大、物、移、智”等技术创新应用发展趋势，加快建成具有全球竞争力的世界一流能源互联网企业。为实现“三型两网、世界一流”的战略目标，国网公司相继出台泛在电力物联网规划（2019—2021 年）总报告、分项报告，以及建设方案、建设原则、实施计划。国网上海、湖南、安徽电力公司作为选定的基建全过程综合数字化管理平台建设试点单位，深入开展平台试点建设，保障本质安全，提升工程质量，促进公司基建管理水平整体提升，为推动电力基建工程建设管理向数字化、智能化转变开展了有益探索。

2.3.1 国网上海电力公司智慧管理应用实践

国网上海市电力公司（以下简称国网上海电力）以电网工程项目全过程管理为主线，采用“大、云、物、移、智”等先进技术，实现基建业务线上线下同步开展、电网物理交付与数字化交付同步实现的目标。

具体而言，实现基建数据智能感知，提高采集效率和准确性；强化公司基础通信网络及工程现场传输网络，支撑泛在电力物联网建设；打造基建数字化工作平台，实现基建业务标准统一、专业融通、协同共享、智能支撑；充分挖掘基建数据的价值，保障电网安全，推动电网建设高质量发展，培育新业态，以更好地服务“三型”企业建设。

2.3.1.1 建设思路

以电网工程项目全过程管理为主线，围绕数据标准、模型交付、数据采集、数据传输、基础平台、功能模块等各级建设目标，基于共建、共用、共享的开放理念，采用 BIM 技术路线，开展“基建全过程综合数字化管理平台”试点建设工作（见图 2–1）。

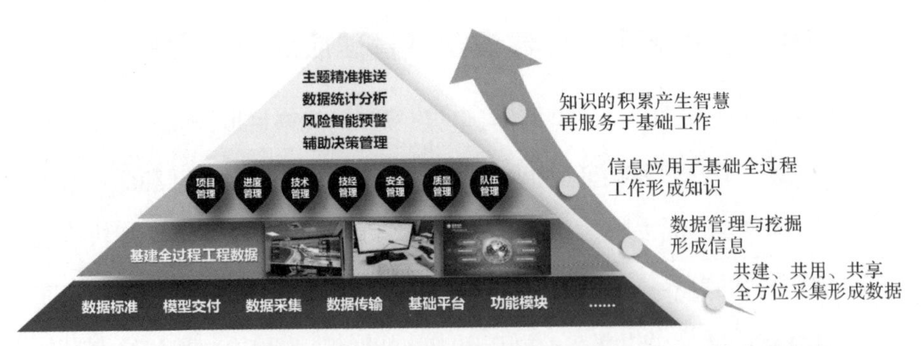

图 2–1 国网上海电力“基建全过程综合数字化管理平台”总体建设思路

2.3.1.2 平台业务功能

按照开放共享和分层分级的建设思路，服务基建业务管理需求，平台业务架构体系如图 2–2 所示。平台业务架构分为决策管理、专业管理、建设管理、现场管理四个业务域，按业务线划分为职能管理、项目管理两条主线。

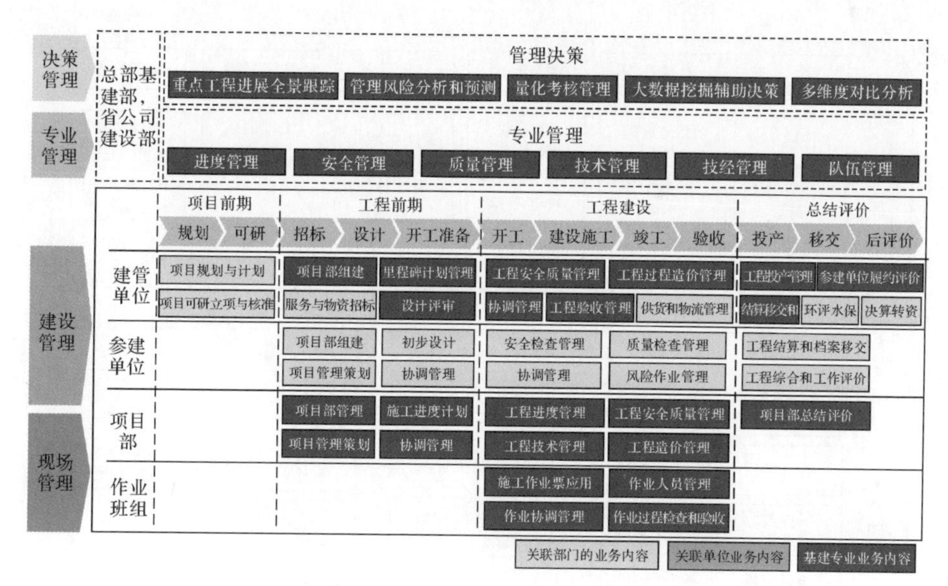

图 2-2　国网上海电力“基建全过程综合数字化管理平台”业务架构

（1）职能管理

职能管理涵盖决策管理、专业管理两大业务域，服务层级包括总部基建部、省公司建设部。决策管理涉及重点工程进展全景跟踪、管理风险分析和预测、量化考核管理、大数据挖掘辅助决策、多维度对比分析几个方面；专业管理涉及进度、安全、质量、技术、技经、队伍六大职能管理内容。

（2）项目管理

项目管理涵盖建设管理、现场管理两大业务域，服务层级包括建管单位、参建单位、项目部和作业班组。项目管理全过程包括项目前期、工程前期、工程建设、总结评价四个阶段，项目执行过程中各单位履行各自职责，确保项目和工作有序进行，各项工作和要求落实到位。

2.3.1.3　业务应用框架

业务应用框架一般分为三层，即职能管理层、过程管理层和通用功能层（见图 2-3）。

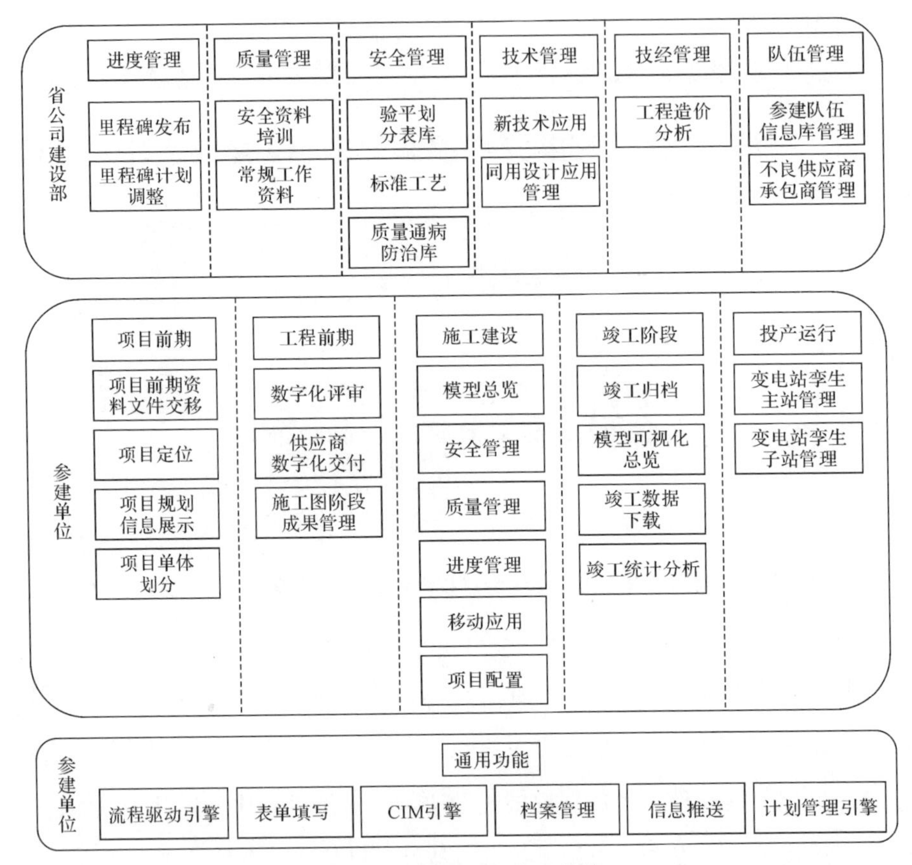

图 2-3　基建业务应用架构

平台以建设管理单位业务管理需求为导向，以线上、线下业务同步开展为目标，围绕项目全过程、工程施工过程管理、进度管理、安全管理、质量管理、技术管理、技经管理、队伍管理等八个维度开展了应用层的研究开发工作。

（1）项目全过程数字化管理模块

基于国网电力公司总部发布的业务场景和上海电力公司增补业务场景的开发，实现面向项目的全过程数字化管理，使传统依靠人工填报的管理模式发生了改变，实现与其他业务系统的数据贯通，形成信息自动采集、任务精准推送、数据一次录入、成果共享共用的管理模式，实现数字化建设管理和成果共享的示范应用。

（2）工程施工过程数字化管控模块

基于设计模型将标准化施工流程、标准工艺库、验收标准库、固有风险库与之关联，任务自动推送、信息自动提醒、数据半自动录入，实现施工过程的数字化管控；对施工现场安全、质量、进度、技术实行全面数字化管控，关键数据结构化，实现安全风险预警、进度可视化管理、质量偏差分析等功能；开发 App 微应用，固化上海工程的典型建设方案 220–A2–3、110–A2–7、架空线路、电缆线路施工流程，固化典型现场工作场景，改变传统依靠人工填报的管理模式，形成信息自动采集、任务精准推送、数据共享共用的管理模式。

（3）进度管理模块

通过平台数据自动判断进度和里程碑计划差异，形成次要延期、主要延期告警并自动推送。根据延期程度，对建设单位进行量化考核。通过现场每个设备构件（钢结构、电气设备等）的实物 ID 二维码，实现土建结构施工、设备安装等工程现场实际进度信息自动采集，避免人为因素影响。

（4）安全管理模块

利用图像智能识别技术及 AI 人工智能技术，实现风险预警、自动追踪、违章识别等功能，有效核查站班会及安全措施落实情况，提升安全管控效率。人员、车辆智能识别，入场人员信息可控；安全帽、服装、明火有效跟踪，违章行为及时预警；关键人员智能识别，实现风险作业到岗监督。

（5）质量管理模块

采取“互联网＋质量管控”技术，动态追踪施工进度、三级验收及工艺质量，提升工程质量可控性和可追溯性。利用电子工艺卡，强化关键环节的关键管控。利用电缆拉力动态监测系统，实现电缆敷设动态感知，提升电缆敷设质量。

（6）技术管理模块

实现了对初步设计、初步设计评审、施工图设计、施工图交底及会审、竣工图交付全过程设计文档、工程信息模型的管理和应用，并实现了对通用设计、通用设备、主要工程材料、新技术应用等主要设计指标的数据提取、数据统计和综合分析，为管理决策提供数据支撑。

①数字化辅助评审模块

应用三维数字模型可以被计算机自动识别的特点，固化评审规则库，开展初步设计阶段半自动化辅助评审工作，大幅提高评审效率和准确性。

②初步设计在线评审模块

实现了基建数字化模型对评审过程的在线审查支持，评审过程中可以打开模型视图直接标注，提高了审查的准确性。

③施工图管理模块

提供施工图、全口径施工图预算及施工图深度的三维设计模型的上传，以及施工图交底和会审等功能。系统将施工图模型与初设模型比对后自动生成差异清单，提醒建设管理单位进行变更确认及审核，为施工质量提供保障。设计模型自带三维尺寸标注，为无纸化施工创设条件。

④供应商设备数字化交付模块

部署了供应商设备数字化交付模块，要求供应商按交付标准上传产品模型。供应商设备数字化交付对明确责任主体、迅速建立供应商产品模型库、降低设计人员工作量具有重要意义。

⑤竣工成果管理模块

将工程建设过程数据以及竣工设计模型纳入平台，进行数字化管理，最终形成公司级电网数据资产；实现对设计软件原格式文件的有效解析和入库管理，为今后改扩建提供数字化支撑。

⑥变电站数字孪生交付管理模块

新建 110 千伏及以上变电站全面部署数字孪生系统，与运行监测数据、主设备监测数据、辅助系统监测数据、视频监测数据相关联，建立了设备实体、实时数据、专业系统的孪生映射关系，实现变电站数字孪生交付，成为建立公司级变电站全景数据中台基础。

（7）技经管理模块

通过自动归集造价分析信息，实现输变电工程的可研估算、批复概算、施工图预算和工程结算的上报、审核及统计分析，打破发展、物资、财务等关联业务部门的数据壁垒，实现造价数据共享，分析各造价指标之间的逻辑关系和差异原因，开展概算比估算、预算比概算、结算比预算、决算比预算、审前审后对比分析，实现合理造价、精准管控的目标。

（8）所属队伍管理模块

基于全过程平台，规范填报队伍专业管理模块数据，强化提升所属队伍的基础信息管理。通过建立电子化专业知识库，提供基建各相关专业学习课件、专业题库、工程建设方案、专项方案、试验报告等在线查询的功能，便于实时在线学习，借鉴引用，提升队伍综合素质和工程建设水平。

2.3.2　国网湖南省电力有限公司智慧管理应用实践

国网湖南省电力有限公司（以下简称国网湖南电力）应用“大、云、物、移、智”技术构建基建全过程综合数字化管理平台，实现基建数据智能感知，提高采集效率和准确性，逐步推动基建业务数据向“智能化采集、结构化存储、网络化共享”转变；打造基建数字化工作平台，实现基建业务标准统一、专业融通、协同共享、智能支撑；充分挖掘基建数据价值，保障了电网本质安全，推动电网建设高质量发展。

2.3.2.1　建设思路

国网湖南电力按照“开放共建、复用共享、需求导向、安全可控”的思路开展试点建设。开放共建是指平台建设需牢固树立发展理念，在技术框架上确保开放，激发建管、施工、监理等工程参建单位根据内需共建平台；复用共享是指平台建设需牢固树立中台思维和互联共享思维，在纵向上衔接四大过程，在横向上打通六大专业，在管理上联通三个层级，在互联上共享上下游部门；需求导向是指整合资源，优化流程，强化协同，一级抓一级，着力解决基建工作中的热点难点问题，推动基建工作由自上而下供给导向转变为自下而上分级需求导向，推动“放管服”改革向电网基建纵深发展，为便利一线工作、激发共建活力、建设各级满意的服务型基建提供有力支撑；安全可控是指平台应用场景主要在工程现场，依赖互联网环境，平台建设必须确保运行期的网络安全，不发生失泄密事件。

2.3.2.2　平台业务功能

（1）基于共享互联的工程全过程管理应用

以进度为主线，实现基于共享互联的工程全过程管理。围绕单项工程建设的全生命周期，覆盖项目前期、工程前期、工程建设和总结评价的关键场景，实现内外部数据的交互与共享。

①建设覆盖多层级的综合管理应用

开发年度计划发布调整、项目基本信息获取、物资需求计划、工程开工报审、施工计划编制调整、施工进度感知、竣工投产报审等核心功能，为项目部、建设管理单位、省公司等各层级各专业提供业务数字化支撑。

②建设数据共享应用

开发数据接口，通过公司数据中台实现与规划计划系统、ERP、ECP、OMS、PMS等跨业务部门系统的数据交互，自动获取项目前期、物资、招标、停电计划等数据，同时向生产部门、财务部门共享竣工投产等相关信息，实现一次录入、全局共享。

③建设进度高级分析应用

针对项目部、建设管理单位、省公司等各层级各专业不同管理需求，开发项目开工投产滞后分析、开工投产预测提醒、在建工程滞后分析等高级分析应用，辅助管理决策。

（2）基于精准画像的人员队伍综合管理应用

通过建立项目管理关键人员资质认证模型，实现参建队伍及人员的在线注册与资质审查入库，并将关键人员与在建工程动态关联，实现参建单位实时承载力分析，为资信评价、工程招投标、任务分配等提供辅助决策支撑。

①真实人员队伍基础库建设

建立项目管理关键人员资质认证模型，实现参建队伍、人员在线注册与资质审查入库等功能。

②人员队伍承载力分析

在基础库建设基础上，将人员、队伍与工程关联管理，构建设计及施工队伍承载力分析模型，及时评估设计及施工单位的承载能力。

③人员队伍跟踪管控

将基础库建设成果应用于招投标环节，严格核实投标队伍、关键人员信息准确性，校验承载力情况，为限制投标、废标等提供决策依据。建立现场人员比对模型，动态跟踪校验人员现场到岗到位情况，实现对关键人员的智能管控。

④构建资信评价模型

根据资信评价管理办法，开发参加单位资信评价算法，实现参加单位的动态评价，为队伍管理提供辅助决策支撑。

（3）基建安全风险全状态智能感知应用

通过移动终端、视频监控、状态传感器等多种方式，智能感知风险作业现场“人、机、料、法、环”的安全状态，构建从施工现场、项目部到建设管理单位、省公司的分层智能安全管理网络，以信息化手段加快管理机制融合，促进管理工作切实有效落地，实现工程施工过程数字化管控与精益化管理。

①开发工作任务管理应用

通过工作任务管理应用，实现工程管理、人员管理、分包管理、施工方案、作业票、安全风险、安全检查、施工器具、安全考试、安全管理报表等业务的线上管理，并实现任务融合。

②建设视频和状态感知模块

通过视频和状态感知模块，实现风险作业现场视频及物联数据调阅、值守告警、智能分析等，从全局统筹出发，精准掌握工程安全风险和施工现场“人、机、料、法、环”等方面的实时动态，科学分析并辅助智能预警提醒。

（4）基建技术管理应用

①建设通道大数据

基于大数据，开发通道可视化、通道巡视与管理、地形运距计算、障碍物冲突检测分析、开工前“三跨”（跨越高速铁路、高速公路、重要输电通道的架空输电线路区段）复核分析等模块，辅助直观掌握通道清理进度，实现“先签后建”精准管控。开发“电网一张图”接口服务，获取全省电网基础地理信息，将工程建设通道大数据推送到“电网一张图”，弥补“电网一张图”缺少电网通道数据的短板。

②评审质量管理应用

将现场评审意见、设计回复信息以及一单一册、反事故措施、强制性条文等评审内容结构化，完成评审人员现场考勤打卡、线上评分、意见回复、现场督审等业务场景开发，实现对初设、施设评审全过程线上管控；结合年度进度计划，推动项目评审计划线上化，开发评审计划、评审结果统计分析功能，辅助提醒评审计划申报、合理安排评审任务；对评审结果进行分类统计分析，建立设计质量常见问题库，辅助提升设计质量。

③设计管理应用

推动设计质量三级校审、设计进度管控线上化，对设计进度偏差进行智能分析预警，辅助图纸交付管控；结构化强制性条文、质量通病、标准工艺、关键风险、新技术、新设备、新工艺等重要信息，实现数字化设计交底，为设计、施工人员提供方便快捷的现场查询、跟踪提醒功能。

④加强技术成果共享管理

打造通用设计、通用设备、新技术成果、公司三维典设模型、技术标准等技术知识库，并对通用设计应用等情况进行统计分析，为新技术发展研究提供辅助数据支撑。

⑤实现三维数字化交付应用

开发标准化模型交付及校验应用，扩展支持 BIM 等模型常用格式，满足各层级单位对多源三维数据的调取、查看、使用和管理需求；在初步设计、施工图设计、竣工图设计成果交付过程中，完成工程相关属性及资料的挂接，打破三维成果难共享的壁垒，实现数字化成果向施工、运维的快速、高效、标准化交付。

⑥创新工程三维施工应用

整合项目全过程数据与模型，实现线路工程建设全过程的数字化展现、分析以及统筹管控；重点针对线路工程建设施工时序进行仿真模拟、查询追溯、统计分析，实现线路施工进度“一张图”管理；结合工程施工关键工序，发挥三维技术优势，建设典型深基坑、索道建设等通用施工方案三维交互仿真模型，开创施工培训、演练与考核新方式。

（5）基建全过程精准感知与智能分析应用

①建设全过程造价管理应用

实现与进度、技术、安全质量等专业应用融合，建设覆盖可研估算、初设概算、施工图预算、工程竣工结算全过程造价管理的智能应用，适应各层级、各阶段造价管理需求；与发展、物资、财务等部门共享关联业务数据，打通数据壁垒，形成业务数据全贯通。

②开发基于三维设计模型的辅助造价编制工具

检验三维设计模型是否满足工程造价编制要求，定位缺失参数字段，提升概算、预算、招标工程量清单以及结算文件的编制效率和准确度。

③建设造价分析及结算成效监督检查应用

利用技经大数据，实现输变电工程的可研估算、批复概算、施工图预算、工程结算、财务决算进行不同统计维度的对比分析；统计检查结算进度，按照月度、年度统计结算超期工程，在造价分析数据的基础上开展不同时间段、不同范围内的结算成效监督检查。

④开发设计变更与现场签证智能管理应用

应用于桌面、手机等各类终端，实现设计变更和现场签证全过程线上流转、并联审批，减轻基层人员负担，提高工作质效。

（6）基建质量智能管控应用

①创新质量智能管控手段

变电工程主要开发智能感知边坡位移、建构筑物沉降、主设备安装环境等功能，架空线路工程主要开发智能感知螺栓紧固、压接质量、杆塔倾斜度等功能，电缆线路工程主要开发电缆敷设侧压力控制传感预警功能；试点开展混凝土质量管理体系研究，结合移动互联、定位技术，在混凝土试块植入RFID芯片，确保试块见证取样、养护试验全流程管控到位；强化实物ID应用，实现重要设备建设过程的缺陷处理情况全过程记录；利用无人机技术，探索实现绝缘子掉串、防震锤破损、联板及线夹锈蚀断裂等缺陷的智能识别。

②深化建设基建现场数码照片采集应用

在现有数码照片功能基础上，深化数码照片采集与管理功能，结合工程施工进度，实现数码照片采集任务即时提醒，提升数码照片的及时性、真实性、完整性，开发照片一键整理导出等功能，减轻整理归档工作负担。

③开展输变电工程标准工艺应用

建立输变电工程电子化标准工艺库，关联质量通病、标准工艺施工方案视频动画等教学素材，在站班会、施工作业交底等阶段精准推送学习。

④质量验收全流程管控应用

按照分级负责的原则，开发三级自检、中间质量抽查监督、第三方实测实量等模块，实现关键环节全流程线上管控、关键数据实时录入及一键导出，有效杜绝验收走过场、数据造假等情况，强化实测实量成果共享应用。

⑤工程过程试验数据智能采集应用

遵循国网输变电工程标准化业务场景，将主变常规试验、主变保护调试等 60 余项试验数据移交线上采集，并将过程中采集的试验数据与实物 ID 关联，实现工程过程试验数据向生产运检精准推送。

2.3.3　国网安徽省电力有限公司智慧管理应用实践

国网安徽省电力有限公司（以下简称国网安徽电力）以基建全过程管理为主线，通过应用“大、云、物、移、智”技术，着力打造“一平台、两中心、多应用”的基建平台；实现基建业务标准统一、专业融通、协同共享、智能支撑；挖掘基建数据价值，保障电网本质安全，推动电网建设高质量发展。

2.3.3.1　建设思路

国网安徽电力坚持“标准统一、数据贯通、开放共享、实用实效”建设原则，结合电网建设实际及信息化应用现状，充分利用原有基础，系统谋划、实用减负、共谋共建共用。配合总部构建统一基建用户工作平台，搭建单一工程全过程管理核心业务流程及六大专业基础数据库，集成各级“微应用”。

一是试点先行、分步实施。选择基建业务管理难点和需求迫切的内容，先行开展相应平台功能的试点建设和应用工作。通过充分的试点验证，健全业务标准，完善应用功能，逐项稳步推进，为后续全面建设和推广应用奠定基础。

二是面向基层、全面覆盖。以基建全过程管理为主线，以业务需求为导向，面向一线基层用户及各层级管理人员，覆盖全过程业务场景。

三是标准统一、三维驱动。固化工程全过程业务流程、工作界面及工作规范。基于三维数字化设计成果指导现场施工，实现三维信息模型在工程建设各阶段的全面应用。

四是自动采集、开放共享。自动采集公司内部以及公司外部建设单位的工程建设全过程数据，实现“一次录入、来源唯一、共享共用”。

五是分层应用、智能管控。应用主体自建自用，分层应用，灵活配置；实现工程现场事前核查、事中监督、事后追溯。

六是成果复用、个性定制。充分复用信息化成果，结合实际持续优化，成熟一块纳入一块，减少重复投资；同时正视各单位在管理上存在的差异，在统一管控平台基础上满足不同的定制化需求，积极发挥各单位的主观能动性。

2.3.3.2　平台业务功能

（1）单一工程全过程建设管理应用

以单一工程全过程管理为主线，以依法合规建设为抓手，以实用提效为导向，全面落实“七不审”“十不开”“六不投”“一不交”的24项管控要求；根据输变电工程的项目前期、工程前期、建设施工、总结评价四大阶段，进一步提炼项目实施过程中的重点工作、关键管控节点和主要成果资料；总结公司系统项目部标准化建设经验，强化专业管理和基建信息化应用的深度融合，实现工程建设全过程管理信息化共85项核心关键节点；以单一工程全过程“主流程＋子流程”的方式，覆盖进度、安全、质量、技术、技经、队伍六大专业场景业务。

（2）施工现场作业票数字化管理应用

依托人脸识别、无线移动应用技术，以人员实名制信息库为基础，以风险“一本账”为龙头，与核心分包队伍、作业层班组等实现功能应用关联；以作业票为核心平台，打造施工现场人员、风险、计划的逻辑互证体系，切实强化作业安全风险精准管控；作业票审批、站班会及施工记录等内容全流程依托手机App线上操作，有效提高作业票审批效率，切实减轻一线人员的负担；通过人脸扫描与电子签名关联挂钩，实现扫脸签名、考勤一体化，精准掌控实际进场作业人员；同步无感统计汇总现场信息，为公司管理决策提供数据支持，全面落实基建现场“四个必须”管理要求（必须精准掌握分包队伍及其作业人员信息，实施全员备案制度并进行动态管理；必须落实分包队伍和人员“四个统一”（价值观统一，管理标准统一，发展目标统一，品牌战略统一）管理要求；必须掌握各工程每日作业地点、作业内容、作业人员和施工作业风险；必须对所有施工作业点进行信息化管控）。

（3）智能机具管理应用

首次完成智能机具管理应用系统的开发，实现仓储管理等10项核心业务功能应用，实现机具设备标签电子化、机具流通可视化、机具检修和报废透明化、仓库管理信息化；通过手持终端扫描电子标签的形式，加强机具仓库管理信息化水平，防止机具丢失损坏无法追溯，保障机具的状态可控在控，实现对机具设备全生命周期的管控；通过将机具管理系统与大中型施工机械进出场报审、安全工器具与施工机具领用记录等功能衔接，为工程现场减负提效，同时将机具分公司器具应用与工程现场应用环节的数据贯通，实现业务数据的贯通。

（4）施工现场可视化应用

将在建变电工程、线路工程基建现场的视频监控设备统一集中，实现对所有工程现场的远程管理，同时应用视频智能识别算法，针对视频画面开展各类场景的智能分析与研判，统计展现施工作业点精准位置信息，实现GPS一键导航，便于“四不两直”现场检查；将作业现场画面实时传输至基建平台，辅助各级管理、监督人员有效开展远程督查、到岗履责等工作；实现AI浅层智能告警，对施工人员、计划、风险等明显违章现象予以自动识别并判定告警；结合现场部分感知设备进行数据综合分析处理，辅助作业违章识别管理。

通过“施工现场可视化应用”建设，针对基建管理，跨部门业务协同，实现与各部门及各系统的无缝融合，减少施工现场管理人员重复录入的工作量；严格按照国网数据标准进行改造，以满足未来与国网各信息系统实现数据统一，进一步加强数据资源的统一调配，推进公司管控集约化发展，使专业协同效应得到进一步发挥，提高整体的响应能力和风险控制能力，为电网基建信息化管理工作一体化、规范化、精益化奠定良好的基础。

（5）输变电工程施工分包管理应用

开发面向全省的输变电工程施工分包管理应用，建立明确透明的分包管理细化要求及标准化模板，实现按需申报、实时审批、即时发布、全面应用等功能，压缩核心分包队伍入库流程链条，提高管理效率；强化分包队伍入库审查把关，建立信息共享与实时发布平台，出现不合格项及时告警，实现对工程分包管理的动态管理；实行核心分包队伍名录与班组组建流程强关联，非库内队伍一律无法参与分包作业，实现对不合格分包商的有效筛查与杜绝，有效完善分包管理手段。

（6）基建工程多媒体培训应用

多媒体培训应用包含 VR 培训、教育视频管理、人员管理、积分管理等 10 项功能模块，通过多元化的培训及考试方法，加强和规范现场管理及作业人员进场安全教育培训工作；以身份证、电话号码等实名制信息为基准，综合现场业主、监理和施工项目部核实把关能力，确保本人参培考试；通过个人手机实现在线随机抽题组卷并答题，提高考试效率，同时确保考试成绩真实有效。多媒体培训应用实现了人员信息统一获取、考试成绩共通共享，为作业票等应用提供数据支撑，确保考试不合格者一律无法参加现场作业；加强了各应用间的业务关联，减少了信息重复录入，实现了信息共享共用。

（7）基建现场物联感知应用

基建现场物联感知应用将基建工程现场各类感知设备采集的数据进行汇聚，并对采集数据开展分析处理，并对异常情况预警告警；将数据及其分析结果传送至省公司全过程平台，实现远程对现场数据的统计分析及管理应用；将各类设备数据接口进行标准化，支持各类设备扩展性接入。此模块的应用可以减轻现场人员数据重复录入负担，提升数据采集的准确定、实时性。通过对采集数边缘计算，实现数据即采即用，更好地服务于施工现场作业。主要采集设备包含智能 / 定位安全帽、固定摄像机 / 布控球、安全带监测、智能手环、RFID 实物标签（不带定位）、RFID 实物标签、无线拉力传感器、无线倾角传感器、蓝牙游标卡尺、激光测距仪、环境监测仪、沉降监测、基坑坍塌监测仪等 15 种感知设备，自动采集“人、机、料、法、环、测”六大要素实时信息。通过无线 4G、蓝牙、GPS、无线射频识别、有线公网 5 种网络传输技术将数据传输至省基建平台，为全过程系统数据分析处理的准确性提供有效保障。

（8）输变电工程分级量化考核应用

基于工程现场安全质量分级量化考核及督查督导实际需求，落实按季度开展量化考核的实施要求，固化现场检查考核方式和标准，迅速统计得分并实现一键归集功能，结合各类判定因子自动出具检查结果 PPT、考核报告等，减轻一线各级考核督查人员的业务操作量；开发检查问题收集处理流程，建立规范的反违章信息库，实现现场检查结果实时线上传输、即传即存，便于各级检查考核人员将检查过程与结果在电脑端与手机移动端无缝切换，提高安全质量责任量化考核、各级检查工作效率；建立对应扣分机制，针对所发现的问题智能判定问题性质并对相关责任人、责任单位进行扣分管理，超限后即时告警并根据需要纳入重点关注名单，辅助各级管理人员提高决策效率和质量。

（9）输变电工程三维设计建模与评审质量控制

率先实现利用激光点云成果数据生成 GIM 格式文件，完成对房屋、植被的三维建模，生成满足移交标准的成果文件，减少人工劳动 30%，100% 实现对通道数据的可追溯统计，实现精准投资，提升工程设计质量；搭建输变电工程三维设计建模与评审系统，通过三维设计评审辅助应用，实现 16 项规范性检验，实现 12 项工程量的自动统计，依据三维设计的 7 项技术标准，自动校验数据格式，自动生成数据检测报告；完成工程评审 152 项，发现交叉碰撞、材料统计错误等各类问题 287 项，有效减少人员重复低效的劳动，提升评审效率达 40%。

推进以三维设计为核心的技术管理系统研发，完善三维设计的数据库、模型库，实现三维地理信息、初步设计评审信息、施工图设计信息和竣工图设计信息的数据全过程贯通；自动解析通用设计、通用设备以及新技术应用信息，形成设计质量管理数据库，并据此开展设计质量分析，为电网高质量建设提供有效支撑；将三维设计与实物 ID 相结合，打通基建三维设计移交运检通路，完善设备质量管控链条；解析三维设计文件，自动获取工程量清单，服务精准造价。

（10）输变电工程三维设计模型在施工环节的应用

利用设计移交的GIM数据、地理信息数据，进行数据的处理、存储、发布，实现 GIM 数据在基建全过程的共享和贯通，自动统计基础、杆塔的施工材料表；在线进行机械进场方案与施工区域规划建设、设计与实测实量数据的比对，对施工阶段张力架线、装配式架线等进行计算校核；按照工程当前的施工进度进行三维模拟展示；建设输电工程施工环节应用，共计 7 个模块 37 项功能，覆盖安全、质量、技术、技经四大专业场景业务。

（11）基建工程物资计划提报和履约综合应用

主要包括采购标准实时共享及设计信息高效协同、基于工程物资需求周期精准预测预算、基建工程物资采购计划智能申报、基建工程物资现场履约协同管控四大功能，共 46 项核心关键节点，满足工程建设进度的需要，实现基建工程物资全过程管理信息化。主要特点是通过此应用与全业务数据中心的数据集成，实现 ERP 和 ECP 的基建工程物资相关信息的数据共享，以及应用框架内外的数据交互，降低了人工录入和数据维护成本；通过基建工程物资数据信息化管理，全面展示物资招标和履约的进度情况，为工程参建单位及时了解物资供应状态、及时优化调整现场施工工序和作业计划、实现物资供应和现场施工的有序衔接发挥重要作用，达到减轻基层工作负担、提升工程建设效率的效果。

（12）工程数字质量

通过建设施工工程数字质量管理应用，提高现场质量验收审核效率，采取电子化和数字化等方式加强施工质量验收单的管理力度，不断优化完善质量验收单管理流程，有效管控工程质量风险，全方位对工程质量进行全过程管控，从而降低现场工作人员工作负担，提高工作效率，提升质量验收统计分析能力，保障工程质量，从根本上控制质量问题的发生，整体上降低了工程质量验收的管理成本。

（13）实测实量仪器数字化改造

基于现有的实测实量工作，以提高实测实量数据的精准性、减少实测实量的工作业务量、为质量验收构成提供高精准数据支撑为目标，通过对现场实测实量仪器进行数字化接入改造，以及移动应用集成，实现了现场测量仪器数据实时化感知、智能化分析、在线化管理、透明化监管，有效解决了验收过程中数据记录负担重和数据质量难以保障等问题，极大地提高了质量验收过程的效率和数据准确性；确保实名、实地、实时记录分项过程质量验收数据，实现了质量全过程数字化追溯；实现了工程数据信息从“电子化”到“智慧化”的转变，提高了国网“大建设”体系下的电网建设管理工作效率。

（14）施工装备“滴滴平台”

建设一套基于物联网的施工机具滴滴平台应用，实现机具设备标签电子化、机具流通可视化、机具检修和报废透明化、仓库管理信息化；装备租赁及配送一体化结算体系，提高机具出入库效率，加强机具仓库管理信息化水平，防止机具丢失损坏无法追溯；保障机具的状态可控在控，实现对机具设备全生命周期的管控；解决了机具使用不易管理、使用过程中记录容易出错、机具使用完没有及时归还入库导致丢失等问题，提高机具的领用、租赁更加方便、快速、到位、规范、可追溯，提高了机具仓库的综合管理水平，减少了资源浪费，保障了施工安全。

（15）无人机远程遥视应用

针对电网基建施工点多面广、施工现场环境复杂、人员流动性高、人员素质水平有限等实情，以无人机为载体，实现对基建工程重要施工现场的远程实时视频监控和随机检查，通过系统管理平台，使其能够按照设定路线进行现场视频直播、录播，重要区域实现悬停俯视监控和违章事件的自动抓拍，为“四不两直”制度全面落实提供强有力的技术支撑；同时结合三维建模技术将无人机远程遥视技术充分应用到基建工程初步设计的现场勘察、施工现场的环境监测分析、水土流失监测分析以及施工过程中的民事纠纷调查取证等管理工作当中，提高基建综合管理水平。

（16）基建安全感知数据高级应用

依托视频监控等工程现场物联感知体系建设成果，通过自动采集的安全类感知数据，深入挖掘数据价值，实现作业现场人员实名制管控、施工机具自动监测、风险全程管控、违章行为智能预警、量化考核评价等，提升了智能化安全管理水平。

（17）输变电工程施工单位管理应用

从施工企业实际项目管理业务需求出发，构建贯穿全生命周期的项目管理体系，涵盖进度管理、物资管理、分包管理、安全管理、技术管理、费用管理、民事管理等模块共计50余项功能，自动生成19项符合项目实际管理需求的统计分析报表，加强企业对项目工地安全风险的把控和规避能力，合理配置人员、资金、材料等企业资源，提高输变电工程建设效率和工程质量，优化企业项目管理流程，提升项目管理水平。同时，为满足企业日常经营管理需求，系统通过企业综合办公、人力资源管理、商业智能分析、企业档案、知识库、决策支持、移动化办公等模块的基本功能，实现不限时间、不限地点的事找人推式管理模式，提高了办公效率，降低了运营成本，提高了企业综合管控能力。

2.3.4　总结评价

以上对国网上海、湖南、安徽电力三家电力公司深入开展智慧管理的实践展开了具体分析，经对比，各有其优缺点（见表 2–1）。

表 2–1　上海、湖南、安徽电力公司智慧基建平台比较分析

公司	优势	局限
国网上海电力	管理理念先进，功能三维展现，用户体验较好	对三维设计深度要求较高
国网湖南电力	进度信息自动获取，队伍资质联网校验、承载力分析，三维模型手机查看	项目管理层面管理主线不明显，针对工程现场三个项目部标准化管理的相关功能缺失
国网安徽电力	搭建了基建全过程管理关键节点主流程，打通了跨部门数据共享通道，功能复用性强	“六纵”的数据统计、分析内容较少

国网上海电力基建平台建设以三维 BIM 技术为主线，管理理念先进，系统功能通过三维方式展现，用户体验较好，但是系统对三维设计深度等要求较高。

国网湖南电力主要以基建六大专业职能管理为主开展基建平台建设，在进度管理上实现了进度从电子作业票中自动获取，队伍管理上实现了队伍资质的联网校验及其队伍承载力分析，技术管理上实现了三维模型手机查看等亮点功能，但系统的本地化特点较为明显，系统复用改造工作量较大。

国网安徽电力基建平台建设进度和建设成果通用性较强，着重项目层面的基础业务管理，搭建了基建全过程管理关键节点的“主流程”，同时将本省已全面应用的成果全面整合到基建平台中，主要功能模块耦合性低、封装性较好，进度计划管理、计划执行管理、队伍管理等功能复用性强。

第3章　工程项目智慧管理体系

随着数字经济的快速蓬勃发展，数字中国、智慧社会逐渐成为未来创新型国家的重要特征。随着2014年《关于促进智慧城市健康发展的指导意见》的提出，“大力推动新一代信息技术创新应用，加强城市管理和服务体系智能化建设”为工程项目的现代化管理提供了发展机遇和指导方向。智慧管理是通过大数据、智能化、物联网等智能信息化管理手段，对内外部需求的智能化响应与处理，为工程项目建设提供系统性的资源配置、数据集成、信息处理、运营监管、质量监测等业务支持，实现工程项目建设智能自主决策、安全预警和远程督导，提升工程项目建设智慧水平的管理活动。

在本章结构安排上，首先，通过梳理工程项目管理的基本定义，进一步明确一般工程项目管理的基本特征，并对其存在的问题进行分析，并在对智慧管理的概念内涵进行详细界定的基础上，进一步探究智慧管理体系如何革新一般项目管理体系，克服一般管理体系的弊端；其次，结合企业架构理论、集成与协同管理理论、全生命周期理论以及利益相关者理论，将其应用到工程项目智慧管理的构建层面，对工程项目智慧管理的内容及其相关运作原理进行详细剖析，以此为智慧管理的应用和理解夯实理论基础，以期为工程项目的智慧管理发展方向做出理论指导。

3.1　工程项目管理体系

3.1.1　工程项目管理体系的概念

工程项目管理的定义有广义和狭义之分。广义的工程项目管理是基于前沿且系统科学的项目管理理论与方法，对工程项目建设过程中的规划、设计、施工、运营等全过程进行立项、计划、组织、协调和控制，最终完成项目目标，满足委托人要求的一系列专业的管理活动（安慧，郑传军，2013）。狭义的工程项目管理是基于科学项目管理理论，针对工程项目的现场或施工阶段的一系列管理活动。根据工程项目的基本特征，本书采用广义的工程项目管理定义。

工程项目管理活动包含了工程项目前期规划与计划、立项、可行性研究、项目设计、项目实施、项目验收及项目后评价等全过程各阶段，各阶段之间相互协同。管理层通过科学有效的项目管理，实现项目的全面分析与控制，通过必要的组织管理活动，高效地实现项目目标。这个实现工程项目目标的过程包含了众多管理活动、制度及相关管理元素，最终推动工程项目管理体系的形成。

体系指的是同样类别或同一范围的事务根据内部联系或一定的秩序组合成的整体，是不同系统组合形成的系统体系（陈建富，孙培立，曾雅，2015）。因此，管理体系是组织建立的，为实现管理目标而设计的包含一系列相互关联的作用要素的系统体系。工程项目管理体系则是为实现工程项目管理目标，综合工程项目全过程的计划、组织、协调、控制等管理活动所形成的系统体系（郭磊，崔争，李慧敏，等，2019）。为实现具体的管理目标，管理过程需要保证完整性、可执行性以及持续改进性。因此，工程项目管理体系的构建需要根据项目的主要业务特点以及项目实施过程中的规律，在考虑单个项目运行的同时，从企业整体出发，对项目集、项目组合管理进行全方位和系统性的设计。

3.1.2 工程项目管理体系基本内容

根据工程项目管理的内容和基本特征，工程项目管理体系主要包含以下九大管理体系模块，针对不同的工程项目特征，管理模块的内容会呈现不同的特征。

一是工程项目综合管理模块，具体包括项目计划制订、执行及控制；二是工程项目范围管理模块，具体包括项目内容、项目工作范围确定；三是工程项目进度管理模块，具体包括进度计划制订、进度控制等；四是工程项目成本管理模块，具体包括成本管理计划制订、成本估算、成本预算、投资变更、成本控制等；五是工程项目风险管理模块，具体包括风险识别、风险分析、风险评价、风险控制；六是工程项目组织管理模块，具体包括组织计划、机构计划制订，人员配置；七是工程项目沟通协调管理模块，具体包括信息发布、绩效考核等；八是工程项目质量管理模块，具体包括质量计划与控制等；九是工程项目合同与采购管理模块，具体包括采购计划编制、供应商选择、合同管理、采购询价（纪经伟，2020）。

3.2 输变电工程项目管理体系

3.2.1 输变电工程项目管理体系内容

输变电工程项目是国家电力基础项目，对其进行的项目管理需要结合输变电工程项目特点，以输变电工程建设项目为对象，由项目管理层为统领，对工程项目开展策划、组织、引领、管控和协调等工作，进而保障项目目标顺利实现（王刚，王达，2017；尹鸿雁，2018）。

基于输变电工程项目的特殊性，其项目管理也呈现较为明确的特征。一是重要性。输变电工程项目关乎民生国计，肩负重要的社会责任，项目建设要求较高，同时项目选址固定性较强，不可移动。二是专业性。输变电工程的专业性较强，包含电力、土建等专业工种，因此，项目管理人员一般要求是具备多学科知识和多专业技能的复合型人才。三是明确性。输变电工程投产计划一般都较为明确，投产时间往往会避开七、八月的迎峰度夏期和春节、国庆等国家法定节假日，保障高峰期用电。因此，输变电工程项目受时间约束较大，不能随意更改和拖延工期。四是复杂性。输变电工程项目管理过程和内容复杂，项目周期长，不可预测性因素较多，尤其是受环境因素的影响较大。工程选址常通常涉及大量拆迁工作，在属地协调方面工作量大，建设进度受政策影响较大。同时，输变电工程所需的设备仪器、基本物资等种类繁多，需要多方供应协调，工程进度和质量容易受到物资设备到货时间和质量的约束。建成后投产时涉及调度、运行、检修等各单位之间的协调配合（崔鹏程，徐斌，周峥栋，等，2020）。

根据上述输变电工程项目特性，结合工程项目管理体系具体内容，输变电工程项目管理体系的主要内容涉及以下几个具体模块。

3.2.1.1　输变电工程质量管理

一是对工程所需材料设备的质量进行把控。输变电工程所需的材料及设备是输变电工程建设的基础，是输变电工程质量管理的重要基石（何星，代凯，燕磊，2020）。对输变电工程的质量管理首先应考虑对材料及设备质量的管理，对工程采用的材料和设备进行严格的审查甄判。二是对施工现场质量的严格把控。在正式进入施工阶段前，相关技术管理人员应该明确建设目标、先后顺序以及施工现场的管理条例，以避免施工现场产生管理混乱、职责不明确的现象。进入施工阶段后，对所有环节的质量进行检验，确保整体施工质量符合要求。三是在所有的工作人员中树立质量管理的理念。输变电工程中所有工作人员的行为都会影响工程的质量。管理人员对质量高度负责，同时在所有的工作人员间树立起“质量为先”的意识，避免因自身工作上的失误造成工程质量上的缺陷（陈喆，2020）。

3.2.1.2　输变电工程安全管理

一是设立安全管理机构。在进行安全管理之前，应当先设立安全管理机构，将相应的安全管理责任落实到具体的部门和个人。二是制定安全管理制度。有关管理人员应当编制严密且适当的安全管理制度，并确保工程中的每个工作人员都对这些制度非常明确，做到“有章可循，有章必循”。三是掌握安全管理技术。输变电工程中的员工除了要具备相应的专业技能外，还应掌握一定的安全管理技术，在工程面临安全隐患甚至是重大的安全事故时能够临危不乱，从容地组织现场工作，有效化解危机。四是加强安全管理培训。对员工进行安全教育培训，帮助员工从思想上确立“安全第一”的理念，防微杜渐。

3.2.1.3　输变电工程成本管理

一是对工程建设所需的成本进行预测。输变电工程建设及运行需要大量资金的投入，对于这些资金的运用，企业应在施工前就做好合理的分配规划，避免资金滥用。二是对施工及营运的成本进行控制，相应的管理部门应根据项目实施的实际情况，结合先前的预测对工程成本进行控制并合理规划，控制的手段和程度要从经济性、安全性等多方面考虑，在保证工程质量与安全的前提下，尽可能地节约成本。三是对项目成本进行核算，在工程完成落实后，管理人员应对实际使用的资金与先前的预测进行比对，明确是否成功节约了资金，有效实现了成本管理。

3.2.1.4　输变电工程进度管理

一是编制项目进度管理计划。首先要根据工程建设目标确立进度计划和方向，找准该项目的自身定位。二是制定项目进度管理制度。制度制定力图完善全面，利用现有的科学技术，找出影响项目进度的主要因素，从制度上予以规范。三是合理调整工程进度。输变电工程进度管理的目的不是一味地加快工程进度，而是在有效实现资源配置、保证工程质量与安全及尽可能缩短工期这些目标间寻求平衡，并使这些目标在最大限度上得到实现（徐斌，姜维杰，蔡广生，等，2019）。因此，有关管理人员应该根据工程建设的实际情况合理调整工程进度，使其尽可能地符合项目进度管理计划。

3.2.1.5　输变电工程现场环境管理

一般来说，现场环境的管理主要包含噪声控制、扬尘控制、废水控制、烟尘控制及废弃物控制几个方面，这几个方面贯穿了施工前后整个阶段（王文涛，2014）。通过现场管理，可以为工程项目的整体管理打下较好的环境基础，保障整体项目建设的高质高效及安全。

3.2.2　输变电工程项目管理体系弊端

输变电工程一般项目管理体系存在的问题如下。

3.2.2.1　决策制定复杂

输变电工程项目作为与民生国计息息相关的工程项目，其立项决策及相关考察环节较为复杂。一般来说，输变电工程项目在被批准之前，需要经历立项计划的提出、计划审批、可行性研究报告撰写、实地勘察、可行研究报告评审、意见征求等漫长的报送、审批及立项批复阶段，从立项申请到立项批复，整个过程环节多、周期长。另外，输变电工程项目是室外基建项目，其与单纯的勘探和作业不同，对于外部环境及季节的要求较高，施工的黄金季节为每年的3—5月和8—10月。决策周期较长容易导致项目立项时间推迟，进而加大工程项目质量管理、安全管理及进度管理等方面的难度。

3.2.2.2　质量管理不规范

在输变电工程的现有管理模式下，电力设备质量把控的权限掌握在生产厂家手中，相应的监理及现场监测环节没有得到很好的落实。一方面，施工现场工作人员的质量管理理念仍较为薄弱，人员间的专业技能及总体素质也存在较大的差异。另一方面，实际建设过程中存在管理不当的现象，部分企业责任意识不强，钻监管漏洞，过分追求施工速度，忽视质量问题。

3.2.2.3　进度管理不达标

输变电工程项目中，承办企业总体上存在对进度管理的理解不够充分的问题，多数企业仍单纯地将其理解为加快工程进度以缩短工期，没有把工程的进度与质量、安全等因素综合起来考虑，为赶进度而忽视工程质量、导致安全隐患的现象时有发生。另外，进度规划与协调方面也存在不少问题，输变电工程涉及的子工程较多，工期较长且需要的专业技术人员也较多。在现有的情况下，参与工程建设各主体间的协调与沟通存在明显不足。

3.2.2.4 安全管理不科学

尽管输变电工程现有的安全管理体系在理论上已较为全面，但是在落实上还存在一些问题。一是相关企业安全管理的意识比较薄弱，为节省成本加快工程进度，时常忽视对施工现场的安全管理、对施工人员的安全教育。输变电工程出现事故最主要的原因就是相关企业未能对安全管理予以足够的重视。二是现有的安全管理制度仍存在较大的缺陷，总体上不够完善且针对性不够明确，管理人员很难根据现有的安全管理制度对员工进行管理，从而容易产生职责不明、组织混乱的现象。三是对安全管理制度的执行力度不强，工作人员仅凭自身经验决策执行，违反制度进行施工管理的行为频发，给工程埋下安全隐患。

3.2.2.5 成本管理不明确

部分企业只重视眼前利益，偷工减料以节省成本，往往导致工程质量低劣、存在安全隐患。事实上，一旦出现重大的工程问题，就需要返工，投入更多的资金进行修补和维护，这样一来不仅没能实现节约成本的目的，更拖延了工期。此外，现有的成本管理方法比较落后。电力工业发展快速，其行业环境也在不断地变化，过去的成本管理方法已经落伍，但部分企业仍墨守成规，依循旧有的理论方法，忽视理论与实践的结合，生搬硬套，最终无法实现有效的成本控制。

3.2.2.6 信息管理系统不完善

信息管理不完善主要体现为信息管理系统不完善以及信息标准化水平较低。一方面，输变电工程项目的立项、设计、施工、运营等都涉及大量的项目信息。信息管理系统的目标是便于数据统计、实现线上和无纸化办公，从而减少管理流程，提高管理效率。当前输变电工程项目的信息管理系统不但无法减少相应的管理流程，反而增加了配合线上办公的相关流程，不仅降低了管理效率，也严重影响了员工工作积极性。同时，系统流转效率较低，审批时间过长，致使信息统计落后于项目实际进度，数据因此失去效力。此外，工程项目信息管理系统获取信息的方式较为单一，并且在较长的信息传递环节中容易出现信号偏差及失真，影响项目资料的整合和运用，最终影响项目决策的科学制定。另一方面，输变电工程建设过程中，工程信息及其管理的规范化、标准化直接影响着工程项目管理的信息化、数据分析、主动预判及管理决策。目前输变电工程项目仍然缺乏一个统一且完善的信息化管理标准，设计阶段缺乏标准化的设计和管理，生产阶段缺乏标准化的生产控制，施工阶段缺乏规范的施工流程指导，运行维护阶段缺乏标准化的动态监测，最终导致全过程管理滞后。而且，各过程缺乏规范化和标准化的信息管理容易导致各部门与单位之间的权责不明确，从而为整个工程项目管理增加了难度。

综上所述，尽管一般的输变电工程项目管理体系在项目建设中具有一定的指导性价值，但其指导价值随着工程建设规模的不断增加、难度的不断提升、跨度的不断扩大，正在逐步减弱。当前各类信息技术的涌现推动了新型智慧管理体系的产生，也为进一步科学指导输变电工程项目建设提供了更加科学的管理体系，关于智慧管理体系的基本内容将在本节后续部分进行描述。

3.3　智慧管理体系内涵

智慧管理是一项复杂的系统工程，涉及多个领域，因此需要系统化的理论作为实施指导。本节在对一般工程项目管理体系内容做介绍的基础上，将对智慧管理体系的概念予以辨析，分析智慧管理体系的基本内涵及原则，明确智慧管理体系的发展阶段，同时基于相关管理理论，为智慧管理的实施提供一定的理论指导。

3.3.1 智慧管理的基本内涵

智慧管理是信息化管理和数字化管理的升级，是随着时间发展形成的高级管理模式，其具备自动预判、自主决策、自我演进等特征。

3.3.1.1 智慧管理定义

智慧管理的概念源于“智慧地球”。智慧体系包含智力体系、知识体系、方法与技能体系、非智力体系等多个子系统（张汝伦，2010）。因此，智慧既是一种资源，也是一种能力，而智慧体系就是资源与能力交互而成的集成系统（Nonaka, Chia, Holt, et al., 2014）。目前对智慧管理尚未有统一的定义，理论界最初基于知识、时代背景，依托知识管理的基本概念，即知识管理是对知识内容、知识载体和相应流转过程的管理，其核心是对知识资源的获取、共享、整合和利用的过程（Hedlund,1994；杨现民，2014），认为智慧管理是在知识管理的基础上衍生而来的，其是在以往经验和规范的管理体系基础上实现的更高级的管理体系（刘德富，彭兴鹏，刘绍军，等，2017）。随着信息化的逐步成熟，智慧管理的定义有了新的发展，其被认为是在最新的信息技术与现有设备有机融合的基础上，深入挖掘数据价值，实现对运行状态及时诊断和干预的管理模式（Proudlove, Vadera, Kobbacy, 1998; 王纯林，王辉，文锐，等, 2016），智慧管理途径主要是整合各类数据、建立跨部门协作机制、构建多方参与平台，从而实现规划管理的协同化、规范化、三维化及公众化（Bell, Davison, 2013）。因此，智慧管理从最初的“智慧的管理”现已转变为“管理的智慧化”。

智慧化需要区分若干相关的概念，以此更加明确智慧化的基本定义。首先，智慧管理不同于知识化管理。知识是针对具体的问题情景专门开发并形成的有价值的信息，是信息空间在现实空间上的选择性映射。一方面，知识化管理强调的是开发人类智能的意义，没有反映信息化、智能化技术在现代社会发展所起的重大作用。另一方面，知识化管理建立在经济结构变革的基础上，社会经济的发展从以物质与能源为经济结构的中心转变为以知识为经济结构的中心。智慧管理则是建立在生产和管理过程广泛采用信息化、智能化技术以提升效能，实现生产和管理方式变革的基础上。其次，智慧管理不同于机械化与自动化管理。机械化和自动化以机械工具代替手工劳动，主要体现为人类劳动肢体功能的延伸和替代；智慧化是用信息技术、人工智能代替部分脑力劳动，主要是人类神经系统功能的升级和替代。自动化则和智慧化存在一定的交集，自动化包含智能化和非智能化两类技术。

根据工程项目管理的广义化定义以及智慧化概念，本书提及的智慧管理是以工程项目为对象，通过大数据、智能化、物联网等智能信息化管理手段，对内外部需求的智能化响应与处理，为工程项目建设提供智能化、系统性的资源配置，以及数据集成、信息处理、运营监管、质量监测等业务支持，实现工程项目建设智能自主决策、安全预警和远程督导，提升工程项目建设智慧水平的管理活动。基于工程项目的全生命周期，智慧管理包括项目目标确定、立项、决策、设计、施工、运维等在内的全要素、全过程、全参与方的智慧管理协同，项目建设的各个阶段都需要基于智能信息管理平台，统筹工程项目资源，整合项目数据流，实现精益化信息管理，最终形成项目建设全生命周期的智慧管理。

从体系运作涉及的各个层面来看，智慧管理体现也有所不同。

管理目标层面：工程项目管理模式、工程项目建设方式向绿色化、信息化、数字化及智慧化变革。

管理本质层面：集约化的管理模式、工程项目运维，智慧化的工程项目建造，精益化的工程项目管理。

技术支持层面：BIM、物联网、大数据、云计算等。

保障层面：标准化智能化信息服务平台。

效果层面：组织管理或项目建设各参与方跨平台联动，跨专业协作，全产业链整合。

智慧管理基本内涵可以基于以下四个方面进行深度理解。

（1）管理过程性

智慧管理是工程项目主体为了实现经营目标，通过投入适量的资源获取最佳的效益，同时借助一些工具和手段来有效利用人、财、物等资源的管理过程。智慧化是手段，项目运营是关键，优化或重组业务流程是核心，增强核心竞争力、实现价值最大化是最终目的。智慧管理的实现不能因为单纯地追求系统的准确性、信息获取的快速性而忽视了信息管理的目的是更有效地开展经营管理工作。

（2）管理创新性

智慧管理不是简单地将当前先进、智能的信息技术套用于工程项目的传统管理模式之上，而是基于现行管理制度、组织行为的基本特征，通过智慧性的技术手段推进管理革新，立足于组织战略发展高度，审视过去的积淀以及项目管理文化、管理理念、管理制度、治理结构和项目层级结构，将数字化、智能化的信息技术与项目管理模式和方法有机结合，最终实现组织与项目的融合性创新。

（3）管理动态性

管理智慧化不是一蹴而就的，而是循序渐进的。项目建设内外部环境是一个动态系统，权变理论指出组织行为与组织发展战略需要与内部结构与外部发展环境相匹配，因此，项目管理的信息化管理制度及硬件也需要与外部环境相适应，管理信息系统的选购、实施、应用等环节是一个循环、动态的过程，这一过程应该与项目战略的目标和业务流程紧密联系。

（4）管理主动性

智慧管理能充分利用数据集成，挖掘数据背后潜藏的信息，提取出更多和更有价值的信息，增加管理工作的针对性和预测性，对企业或项目层面所涉及领域的变化和发展趋势做出主动性判断，及时并且主动地应对外部环境变化需求，为管理者进行科学主动的决策夯实信息基础。

3.3.1.2　智慧管理特征

依据智慧管理的内涵，智慧管理的特征主要体现在以下五个方面。

（1）管理实时化

与一般管理不同的是，智慧管理下的信息呈现可视化和实时感知性，最终体现为管理实时化（Bell, Davison, 2013）。一方面，智慧管理平台可以充分利用视频窗口监管项目整体运营情况，掌握和分析管理数据，帮助管理者精准预测外部风险，实现实时性决策。另一方面，智慧管控平台可以实现对工程项目全过程关键要素数据、信息、图像及视频的实时化采集、感知和传输。基于数据标准规范和信息实时化机制，智慧化管控平台实现项目信息和数据的采集、转换、存储和应用的全过程管理，根据项目管理体系和考核评价要求，提供数据在线服务流转、数据监测、考核等功能，形成数据服务和数据管控的一体化工作平台，及时发现项目质量和管理问题，实现业务数据及时性、完整性、准确性的质量检查规则库配置，支撑项目质量全过程实时探测。

（2）科学智能化

智慧管理以物联网、大数据、云计算等新一代信息技术为支撑，能够实现智慧诊断、分析，预警并最终实现智能和科学的决策（荣荣，杨现民，陈耀华，等，1997）。智能化是智慧管理的重要特征，通过大数据挖掘等智能分析系统，辅助管理者准确诊断和分析问题，及时对项目过程中存在的问题做出反应，有效地解决项目全过程存在的症结。同时，智慧管理能够通过感知企业办公室、会议室、项目施工场地等物理环境，对温度、湿度、光线等环境指标进行动态调整，快速准确地预判各项风险，提高项目运营的整体安全性和有效性。

（3）高度集成化

智慧管理实现了项目各参建方、目标、全过程、信息四个方面的高度集成。首先，智慧管理通过对各类软硬件信息技术的集成应用，实现资源的配置和应用，满足施工现场变化多端的需求和环境，保证信息化系统的有效性、可行性。其次，智慧管理将项目利益相关者集成起来，为项目全过程中各参建方提供一个信息交流和互相协作的虚拟网络环境，满足其在统一平台上进行协同集成管理的需求。再次，智慧管理为项目各参与方建立统一的数据源，确保数据的准确性和一致性，实现各方的沟通和交流，对数据和信息进行交换、集成、共享和应用，充分发挥参建方各自的主观能动性，产生“1＋1＞2”的涌现效应。最后，智慧管理促进项目建设全过程管理，实现各阶段的集成化管理，为项目建设全生命期各管理要素进行动态控制，并提供决策支持。

（4）动态平衡化

与传统工程项目管理不同，智慧管理通常是一个多条件稳定单位，工程项目的目标、进度、质量、成本等通常处于一个动态平衡的系统中。用户需求增加—项目目标变多—进度放缓—安全管理难度增加—成本增加是一系列连锁反应。通常一个条件的变化会引起一系列的变化，而且这种变化通常是未知的，智慧管理体系能够保证项目管理过程的动态平衡，通过实时化、在线化和智能化的分析，智慧管理体系能够同时处理项目多个环节出现的问题，实现动态决策，保障项目全过程性的平衡。

（5）互联互通化

智慧管理能够强化组织和项目内部系统的相互联通、企业与企业之间的系统相互联通、项目与项目之间的系统相互联通、系统与人之间的相互联通，实现企业、客户、供应商、销售商、项目投资方、项目经理、分包商以及其他利益相关者要素的整合，实现项目信息的互联互通、项目利益相关者之间的互联互通。

3.3.2 智慧管理的发展阶段

智慧管理的发展先后经历了信息化管理与数字化管理两个变革性的阶段，通过信息化技术和数字化整合实现管理过程的智慧化，促进管理模式发生根本性的变革。但是对信息化、数字化、智慧化三者之间的密切关系，目前尚未有较为清晰的界定。三者具有不同的功能和特征，各自负责解决相对应的工程问题，同时发挥着不同的历史作用。明确三者之间的发展关系，有利于针对性地解决不同时期、不同特征的发展难题，为智慧管理体系的构建提供更加明确的理论和实践指导。

3.3.2.1　信息化管理

信息化的界定也有广义和狭义之分。广义的信息化与社会变革息息相关，指涵盖信息资源开发和信息技术应用的长期社会发展过程，包含了数字化、网络化、智能化等多个方面。狭义的信息化则仅强调信息资源的开发，企业通过构建信息系统将生产过程、事务处理、物料位移、交易支付等多类业务活动网络化，并加工成新的信息资源。狭义的信息化能够帮助管理层更直观和清晰地了解各项动态业务信息，从而实现资源优化配置，提升企业应变能力，实现利益最大化。因此，信息化管理就是通过信息化带动工业化，从而实现企业现代化管理的过程。信息化管理是利用先进的信息技术和管理理念，改变企业传统的生产、经营、管理等方式，重新整合企业内外部资源，提高组织效率和效益，增强核心竞争竞争力的一种管理方式。信息化管理阶段更多地体现为业务系统覆盖更多的业务流程，业务数据采集更广，并下沉到数据库，最终通过信息化，企业实现了线上办公，并积累了各种各样的业务数据。然而，信息化过程中各个业务数据常常变成孤岛，不能形成有机统一的整体。

3.3.2.2　数字化管理

数字化是将各种数据、文字、图像等真实世界的信息转换为能够被计算机接收的信息，是信息快速储存、处理和交流的过程。数字化管理则是以系统学、管理学、决策学的理论为基础，利用计算机、网络、通信等技术对管理行为和对象进行量化，将复杂的信息转换为数据，然后为这些数据建立统一的展现运行模式和统一处理方式的管理过程（刘晓强，1997）。

数字化管理基于两个前提，一是组织经营管理活动基于网络，建立一个高度集成的计算机网络，信息和知识通过网络进行获取、存储、加工、传递，最终指导管理决策；二是企业的经营管理活动必须是可以被量化的，如知识资源、信息资源可以量化成具体数据。数字化管理实际上是“机器学习”的过程，系统通过反复学习企业的各类数据和运营模式，加深对企业的了解，并据此指导企业的运营工作。简而言之，数字化管理是将企业的管理经验模型化，通过系统自动分析各项业务数据，给出解决方案，并通过后期的不断学习，持续进行方案调整，为管理层提供有效的决策帮助。

数字化管理中具有代表性的是数据仓库、数据中台以及数据分析（数据驱动业务），把信息化阶段积累的数据，通过打破数据孤岛，有机地整合到一个统一的数据平台。企业和项目通过各种技术手段，如机器学习、可视化展示、统计分析等，挖掘各种业务数据以获取洞察力，从而达到数据驱动业务的目的。因此，数字化管理提升了企业和项目的洞察力及竞争力。

3.3.2.3 智慧管理

数字化管理阶段为智慧管理体系的发展积累了经验，数字化也是智慧化的技术基础。随着 BIM、物联网、大数据、云计算等技术的快速发展，数字化管理体系在这些技术的支撑下得以继续发展，在数字化管理体系的基础上，通过 RFID、近场通信（NFC）、传感器、移动终端、视频监控等方式将实体与信息库连接起来，实现数据的实时收集、传输，提高了数据获取的效率。通过大数据挖掘，对收集的数据进行挖掘和梳理，形成信息，提高数据的利用率，充分发挥大数据的优势；通过云计算，对信息进行规律总结，归纳为知识，决策者通过知识辅助决策，而非仅凭个人经验进行判断，提高决策的效率；通过物联网，进行反馈和控制，解决了信息孤岛等问题，使得各参与方能够高效协同工作，实现管理过程的智慧化。

3.3.2.4 “三阶段管理”的关系模型

基于上述对信息化、数字化及智慧化三者内涵的梳理，可以基本得出信息化管理、数字化管理及智慧管理三者之间的关系模型（见图 3–1）。信息化、数字化与智慧化三者互为支撑，一方面，数字化和智慧化是信息化实现的重要手段，另一方面，智慧化发挥要以信息、数字技术为基础（黄津孚，张小红，何辉，2014）。下述章节中对智慧管理体系的结构和内容的研究都将依托数字化和信息化，智慧管理体系的构建也应该依托信息化和数字化的基本原理来搭建。

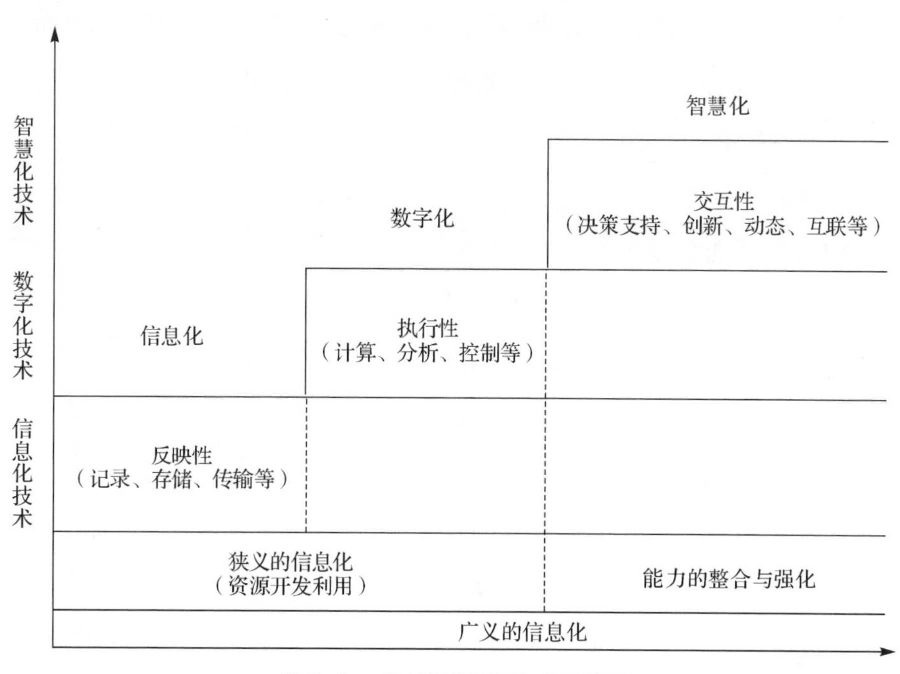

图 3-1　“三阶段管理”关系模型

3.3.3　工程项目智慧管理体系的革新

智慧管理是在原有信息化和数字化管理体系的基础上，利用较为先进的信息技术，进一步提升信息化管理效率的管理手段。在 5G 互联网时代背景下，工程项目实现智慧管理和高质量发展有了新的机遇。

3.3.3.1　组织和管控模式的革新

传统组织中，项目管控的模式大多是从上到下层层下达，或者是从下往上逐级汇报的模式，这些模式下，组织管理层级较多，相应的管理主体较多，协同效率大大下降。一方面，智慧管理体系中的信息技术可以传统的层级信息收集、传递和加工模式，推动信息的自动采集、自主分析和实时传输，能够在不同组织层级之间快速传递信息，实现信息共享，极大地减少了信息流通的中间环节，帮助组织精简结构。同时智慧化信息技术有助于打破部门界限，实现部门之间的无障碍链接与最大限度的资源共享，提升资源使用率，提高组织敏捷性。另一方面，智慧管理体系包含协同信息管理平台，该平台有助于实现项目利益相关者之间的信息互通和协同合作。在项目实施方面，实现资源从分散向统一调配，业务管理从条块管理向协同管理转变。在项目要素方面，能够实现对项目信息、时间、进度、安全、质量等关键要素的专业化管理。

3.3.3.2 业务体系的革新

首先，智慧管理体系首先能够提高自动化和智能化的应用范围，将物联网、在线监测、计算机集成等技术应用到工程项目的投资、设计、计划、施工、运维等多个环节中，整体提升了建设过程中的自动化和智能化水平，实现项目现场构件的智能生产，原料的自动加工，现场施工的智能操作等。其次，智慧管理体系能够扩大资源集约化的管理水平，实现降本增效。信息技术的深入应用推进了跨组织边界，跨区域边界的物资和劳务等方面的集中采购和仓储，帮助企业降低经营成本。此外，组织内部的物资和劳务等资源跨部门和组织边界共享，极大地提升了资源利用率。最后，智慧管理体系能够实现智慧决策支撑项目管理目标的实现。智慧管理体系的一大特征是数据和技术的融合，这不仅解决了数据质量的问题，同时也能够整合数据资源，打破各级数据壁垒。借助相应的数据资源，支撑企业决策。通过信息模型、智能硬件等信息技术，挖掘工具从海量数据中获取核心关键信息，对数据进行过滤、筛选、分析，发现隐藏的关联规律，并把这些规律运用到工程项目管理中，建立起科学的智能决策体系，提高工程项目管理与决策的科学性和自主性。

3.3.3.3 信息系统的革新

智慧管理体系的协同管理理念要求建立起多方信息协同平台，包含组织内协同平台和项目相关方综合应用平台。组织内协同管理平台既提升了各部门之间的沟通效率，也强化了部门对项目的整体管控能力，进而形成管理部门之间的业务协同，以及管理部门与项目之间的管理协同。项目方的平台强化了主管部门、监理、业主、承包商等利益相关者之间的协同，实现项目全生命周期的信息和资源共享。智慧管理体系中建设的信息系统能够最大化地实现信息集成，建立起大数据中心，数据中心的建立实现了各方面资源和信息的互联互通，解决了信息孤岛问题。

3.4　智慧管理的相关理论基础

上述小节明确了智慧管理的内涵及特征，梳理了智慧管理的特征及其与信息化、数字化之间的关系，明确了构建智慧管理体系的重要性。但智慧管理体系的构建需要大量的理论、技术和方法做支撑，科学的理论方法体系可以确保管理体系的有效运行，本节将进一步探讨智慧管理体系的相关理论，为了解智慧管理体系的结构和内容打下理论基础。

3.4.1　企业架构理论

企业架构是一种信息化的方法论，能够对企业业务、数据、技术和应用架构进行描述，同时也对架构控制及相应路线图做了相应的定义。企业架构理论源自 20 世纪 90 年代美国的企业架构框架，目前已演化出多种企业架构框架，如开放组织体系结构框架、联邦企业架构等。Zachman（1987）认为因为信息系统的实施过程具有较高的复杂性，且系统规模会不断扩大，因此，信息系统组成部分的整合和定义必须借助逻辑来构建（logical construct）或架构（architecture）。架构能够帮助管理层更清晰和深层次地了解开发架构背后的原因，以及缺乏架构会带来的风险。同时企业架构关联多种工具与方法论，有助于思考传统应用开发的实质，持续构建新架构。

企业架构中的“企业”，包含企业、政府、社团和机构等多类主体，该类主体一般是由具有相互作用的服务功能所构成的组织，并有独立经营和提供产品与服务的能力。“架构”与整体结构息息相关，是提供基础框架以描述组织实现服务战略和远景目标的平台（Lapalme, Gerber, Van der Merwe, et al., 2016）。因此，企业架构是对组织关键业务、应用和技术战略的综合描述，是一整套由业务服务战略驱动的、需要技术支撑的、与时俱进的工作流程。企业架构理论对信息系统的基本构造和组件模块进行了定义，展示了应用信息平台和系统的开发规划，充分融合了软硬件基础平台和组织业务战略、IT战略，使得组织能够有效管理各项业务系统，取得最佳的投资价值和收益。随着时间的推进，企业架构理论与战略和业务之间的融合程度也越来越高，逐步形成了包括企业战略、业务架构、IT 战略、IT 架构等四个层次的 IT 规划方法论。

企业架构是一个多视图的体系结构，是组织业务战略与 IT 战略之间的纽带，因此，其一般包含业务架构和 IT 架构。其中，业务架构由业务战略决定，是组织的业务战略转化为日常工作的基本途径，其包含业务服务模式与流程、组织结构等内容。IT 架构则是搭建信息系统的指导蓝图，指导 IT 投资和设计决策的框架，其涉及数据架构、应用架构、技术架构和 IT 治理四个方面，其中技术架构包括集成平台、公共服务平台、基础平台（软件和硬件）等多方信息平台（Foorthuis, Van Steenbergen, Brinkkempers, et al., 2016）。如图 3-2 所示，企业架构、业务战略与信息系统之间相互支撑，架构为核心支撑，IT 战略与业务战略共同明确信息化的愿景目标；架构承接战略并与业务流程与组织架构互相匹配；架构同时连接了战略与相关平台，平台涉及具体子系统的建设目标、计划、实施及投资等方面（广联达新建造研究院，2020）。

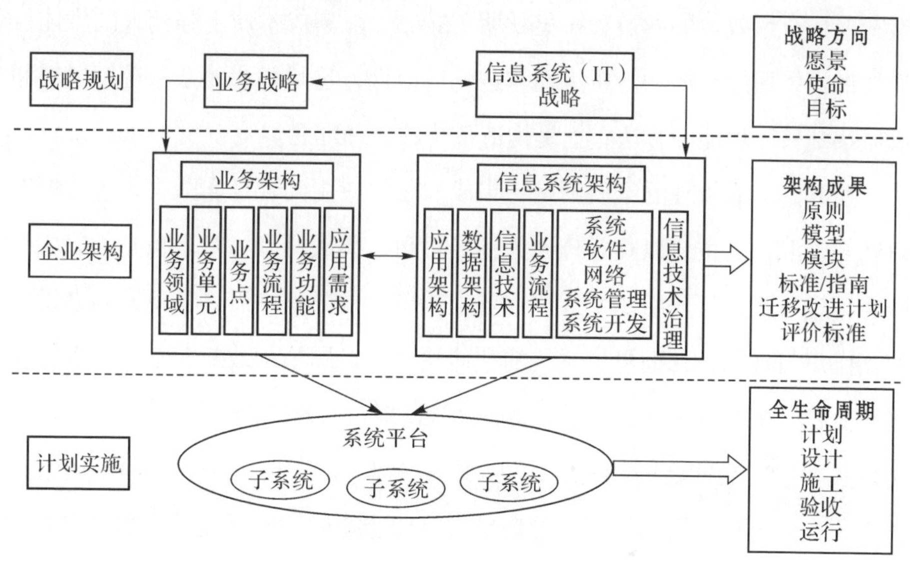

图 3–2　企业架构定位

当前，企业架构方法论已被成熟地应用于政府机关及企事业单位的信息系统规划和实施中，其不仅能够改变整个组织管理的观念，同时能保障投资决策与组织原则和目标的一致。因此，企业架构理论能为智慧管理体系提供整体架构的逻辑指导。工程项目智慧管理体系的建设应在业务和信息技术战略的规划指导下，形成智慧管理体系的基本战略目标，构建相应的组织业务架构和 IT 架构，明确智慧管理体系的原则和标准，最终搭建全生命周期智慧管理的系统体系。

3.4.2　集成与协同管理理论

集成是具备某种公共属性要素的集合（刘晓强，1997），其只有通过主动优化和搭配形成的最合理的结构形式，并进化成一个优势互补和相互匹配的有机体时，才能被称为集成（方承武，王姝，魏寿邦，2006）。集成的含义强调将事物中好的层面和精华部分组合起来，从而实现最优效果，即集大成（张双甜，孙康，2019）。因此，集成是对各生产要素的集成活动及集成体的形成与发展进行一系列的计划、组织、指挥、协调、控制活动，以期能够实现整合增效目的的过程（吴秋明，2003）。集成本质上强调人的主体行为与集成体形成后的功能扩大性与进化适应性，这是解决复杂系统问题域和增加系统整体功能的方法，也是构造系统的一种理念。

因此，集成管理的本质则是将集成的思想应用到管理实践中，优化配置内外部资源，其主要以集成理论为指导思想，集成机制为管理核心，集成手段为管理方式来促成组织增效。在各集成单元构成整体后，各单元间会发生相互作用与推动，从而形成系统的整体涌现性，即结构效应。集成管理的实现需要积极拓宽管理视野，基于突破性视角对待管理资源，推进全要素融合，实现各要素与功能之间的互补，达到“1 + 1 > 2”的效果，从而创造更强的竞争优势。具体来看，集成管理要求打破企业横纵向界面及跨组织边界，将传统组织层级结构革新为扁平结构；将大规模生产转变为灵活的小批量生产，将清晰的组织边界转换为模糊的边界，从而实现企业内外部生产要素、资源的优势互补，达到整体效益最大化的目的。根据集成管理的内涵，集成管理的逻辑过程如图 3–3 所示。

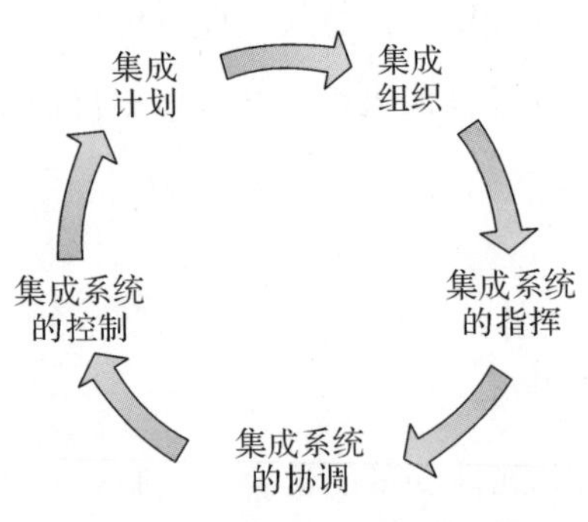

图 3–3　集成管理的基本逻辑

工程项目管理的集成管理是将集成理念与工程项目管理实践结合，对建设工程项目实施科学且系统的管理。根据工程项目管理的基本特征及管理要素，工程项目集成管理通常包含目标、组织、信息及项目任务（全过程）四个方面，各要素之间的关系见图 3–4。项目目标决定着具体的利益相关者；项目组织决定参与者与实施方，确定项目任务；项目任务涉及项目全过程的具体管理；而信息是支撑项目任务完成的重要工具。

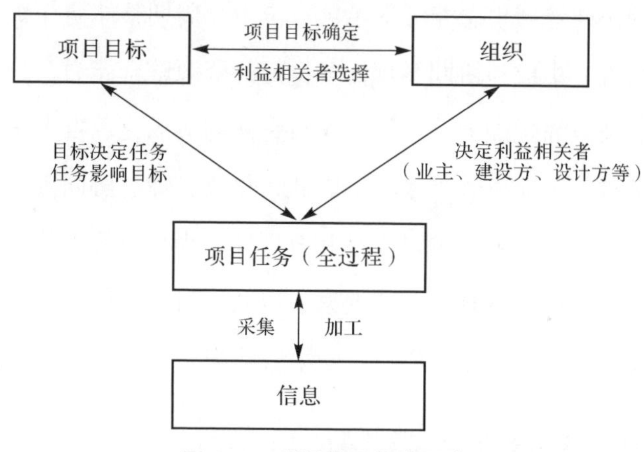

图 3-4　项目管理集成要素

与集成管理理念息息相关的是协同理论，协同学最早由德国的 Haken 教授（2012）提出，他认为在复杂的系统中，各个子系统之间存在相互作用的协同效应，从而导致系统结构发生有序演化。随后协同学被引入管理学领域，Ansoff 等（2018）指出协同可以帮助组织获取范围经济，它是一种最大化资源效能的方法。同时 Chandler（1987）认为组织财富创造和企业效率都得益于组织管理的有效性和专业分工的协同程度，协同是企业效率和财富创造的重要来源。

组织协同具备三个要素，即沟通的有效性、协同意愿的建立及协同关系的维持。集成管理的核心思想是倡导用集成的观念和思想指导管理实践，优化配置各类资源，从而促进经营管理活动整体效益的提高。因此，一方面，协同理论强调集成管理，指出系统由多个要素或子系统构成，且单一要素和子系统都具备影响系统状态和功能涌现的能力，通过对要素和子系统的集成管理会产生马太效应，放大系统整体功能。另一方面，协同又是集成管理最主要的特征和具体的体现，集成管理中组织结构的变革、组织边界的跨越、生产资源的整合互补都体现着各方面的协同。工程项目中的组织协同、目标协同、全过程协同应通过建立信息系统平台，理顺交叉与重叠，并将其进行有机结合，从而提升建设工程项目的整体效益。

集成化的协同管理理念能够揭示项目全生命周期整体协作机制以及相应能够实现的绩效。集成与协同管理需要良好的资源整合能力、自我控制与自主治理能力、绩效涌现能力，以实现项目整体的集成化、自主化管理，并能通过绩效反馈进一步完善管理系统。因此，集成管理与协同管理理论从理论层面上论证了智慧管理体系的科学性和合理性，为智慧管理体系的构建奠定了理论基础。基于项目管理的集成要素，以及项目管理的集成目标和逻辑，下述章节将分析智慧管理体系所包含的集成结构。

3.4.3 项目生命周期理论

全生命周期理论最早于 1966 年被哈佛大学 Raymond 教授（1966）提出，其以产品为对象，将产品生命周期划分为初始阶段、成熟产品阶段和标准产品阶段。20 世纪 90 年代初期，生命周期理论开始广泛应用到不同的组织和机构中，并且“产品”概念已经不再局限于有形制造业领域，而是逐步拓展至无形服务和系统层面。随着生命周期理论的继续完善，全生命周期成本理论逐渐发展起来，并衍生出建设项目全生命周期的概念。简而言之，工程项目全生命周期指项目立项、规划、设计、施工建造、运行维护直至项目拆除和处理的全过程。因而，建设项目全生命周期管理，是对项目全过程进行的计划、组织、协调、指挥和控制等一系列专业管理活动（Hersey, Blanchard, 1969）。

工程项目的全生命周期一般经历决策阶段、实施阶段以及运营阶段三段历程。项目决策阶段的开发管理（DM）、实施阶段的项目管理（PM）与运营阶段的设施管理（FM）集成了项目的全生命周期管理（Van der Mercer, 1993）。项目决策阶段通常包含项目预调研、项目可行性研究等部分，该阶段需明确项目选址、建设目的和原则、项目资金来源、项目三大目标（投资、进度、质量）等多个方面，最终实现项目立项。项目实施阶段通常包含设计和施工两个部分，横跨项目开始至建设完成的全部过程，该阶段的主要目标是通过项目管理完成项目决策阶段的具体目标。项目运营阶段是实施阶段完成后的运营投产，该阶段的时间是整个项目生命周期耗时最长的阶段。不同阶段下，项目参与方主体也存在些许差异，但是通常涉及投资、供货、开发、设计、施工和管理等多个相关利益者。工程项目的全生命周期管理，能提升建设工程项目效益，保障项目各个环节的高效率执行，增强项目价值，建设工程项目的整体性也需要全生命周期的项目管理来维持。图 3–5 描述了建设工程项目全过程管理。

科学有效的工程项目管理体系应该是一个系统、完整且连续的过程，并且也是不断反馈的过程。姚明来等（2017）认为传统的建设工程项目管理容易导致项目各个阶段的管理目标相互脱节，整体的规划和布局不够完整，项目整体实施过程相对割裂。此外，各相关参与方信息沟通不畅，容易造成管理目标冲突，从而影响全生命周期目标的实现。因此，理解建设工程项目智慧管理的内涵以及构建具体体系时需要基于项目全生命周期，实现项目建设和运营过程中的目标和方法的统一，改善各建设阶段、各部分、各相关利益者之间的信息沟通与共享，最终达成建设工程项目的预期目标，实现预期效益。

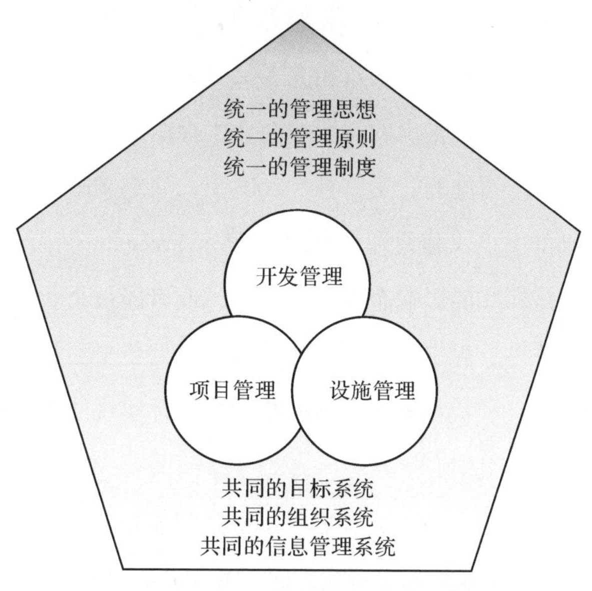

图 3–5 建设工程项目全生命周期管理

3.4.4 利益相关者理论

项目的成败与项目目标相关活动紧密联系，这些相关活动包含三个因素，即过程、实践指南、支持者与完成者（Bourne, 2016）。项目的失败通常归咎于没有充分满足利益相关者的需求，同时相关支持者未有效地协同支持项目运营。基于此可以获知，利益相关者管理与科学合理的项目管理体系存在紧密的联系。利益相关者的概念可以分为两类：一是基于项目与利益相关者之间的关系，这种关系通常采用动词“影响”来进行界定，二者之间的“影响”既包括了影响项目的个人和组织，也包括被项目影响的个人或组织。通常影响项目的个人或组织指的是项目的正式成员，例如施工方、设计方等，而被项目影响的主要指周边社区、社会大众等。二是采用明确的描述性词语来界定利益相关者的资格是什么，比如“需求”“利害关系”“利益要求”“贡献”“风险”等，这种界定方式能够更加清晰地识别出项目利益相关者，但会影响最终识别结果的准确性，有时会遗漏某些利益相关者（邢华，张阿曼，王瑛，2016）。例如，媒体之于项目通常没有利害关系，然而媒体却能对项目决策或实施产生重大影响。这两类概念中，从利益相关者与项目之间影响关系来界定更为宽泛。对此，利益相关者又可分为狭义和广义两个概念，狭义概念是指斯坦福研究院提出的“影响企业生存的个人和群体即为生产经营活动的利益相关者”（施骞，贾广社，2007），该定义是从某一个具体的视角和标准来识别的。广义概念是美国经济学家 Freeman（1984）提出的，他认为利益相关者是那些能影响企业目标实现，或者能被企业实现目标过程影响的任何个人和群体。界定项目利益相关者时最好能全面识别，因此本书采用广义的概念来定义利益相关者，即影响项目目标实现或者被项目目标实现过程所影响的个人及组织。

项目管理者在识别利益相关者之后，根据利益相关者的参与信息对其进行分类。在利益相关者分类方法研究方面，Mendelow（1991），Wheeler（1998）等学者根据多维细分法从不同角度对利益相关者进行了划分，在各种多维细分法中以 Mendelow 的权力—利益矩阵和 Mitchell（1997）的利益相关者显著模型应用最广。利益相关者显著模型通过各利益相关者在合法性、权力性、紧迫性方面进行评分，根据得分将其划归不同类别。虽然这些学者在理论上研究了不同概念和视角下对利益相关者的划分，但目前尚未有方法和理论来衡量利益相关者的权重，此类划分也不具有普适性，需要结合具体项目的实践来进行区分。考虑到工程项目的社会性特征，本书采用Wheeler的分类方法，从相关群体是否具备社会性以及与建设项目的关系是否直接由真实的人来建立两个角度，将工程项目利益相关者分为四个类别，即主要的社会型利益相关者、次要的社会型利益相关者、主要的非社会型利益相关者、次要的非社会型利益相关者。

明确工程项目利益相关者分类后，需要对利益相关者进行管理。管理模式通常包含四类，即通知、咨询、参与和合作。通知是采用通知的形式告知那些对项目影响力较小的利益相关者；咨询是针对有较高影响力但对项目而言重要性不高的利益相关者；参与是针对重要程度较高的利益相关者，无论他们对项目的影响力如何，都需要他们参与项目过程；合作是针对重要程度较高且影响力较大的利益相关者。

建设工程项目涉及众多不同的利益相关者，他们的共同参与才是项目成功的基础。因此根据利益相关者理论，智慧管理体系需要综合协调各利益相关者之间的需求，平衡各方利益。同时，与传统工程项目管理体系相比，智慧管理侧重于综合集成与协同管理。利益相关者理论为建设工程项目管理提供了有效工具，充分识别项目全生命周期的利益相关者，综合考虑其重要性，采取集成管理模式进行管理，建立利益相关者协同合作机制，通过对人的管理，实现对事、对物的全面管理。

3.5 工程项目智慧管理体系的目标及基本原则、结构、内容

3.5.1 工程项目智慧管理的目标及基本原则

3.5.1.1 基本目标

智慧管理体系是一套超越传统管理思想的新职能体系，不仅有利于抓住智慧管理的本质并实现具体的智慧管理，同时能够直接将智慧管理理念融入管理活动中，让管理部门实践智慧管理理论，推动智慧管理的应用与发展。

工程项目智慧管理的目标在于打破传统的管理思维，引入智慧管理思想，充分利用新型信息技术，指导不同管理主体在不同目标管理过程中统筹运用各项管理手段，实现内部信息资源整合，解决工程项目全生命周期涉及的管理问题，最终实现项目全生命周期管理效益最大化。具体而言，即利用信息技术强大功能，连接实体与信息数据并使之对应，连接项目中的信息孤岛，为项目的建设和使用搭建信息桥梁，推动各利益相关者的信息共享，实现项目全生命周期的信息管理智慧化；借助智能化信息技术降低建设、运维的成本，保障工程项目建设安全，提高建设与运维质量，实现项目全生命周期运维智慧化；借助智能化计划，实现实时监管，推进自主决策，通过集成管理，实现利益相关者协同工作，推进高质量决策，实现项目全生命周期的决策智慧化。

3.5.1.2 基本原则

工程项目智慧管理体系的基本原则如下。

（1）连续性原则

工程项目建设全生命周期要经历几个不同的阶段，每个阶段都会有不同的工作，管理要点也会有所区别，但管理过程必须保持连续，将项目全生命周期紧密联系起来，避免出现管理盲区。

（2）协同性原则

协调各利益相关者关系，保持各方目标统一、步调一致，平衡各方利益，避免各利益相关者以牺牲项目目标为代价追求自身利益最大化的情况出现。

（3）统一性原则

为各利益相关者建立统一的工程项目数据源，保证数据的准确性和一致性，避免重复性工作和信息孤岛的产生。

（4）实时性原则

信息更新具有实时性，项目进行过程中的情况是动态的，管理者在动态变化中做决策时需要有实时信息的支撑，信息更新不及时很可能会导致决策失误，造成不可挽回的损失。

（5）适用性原则

项目建设体系虽大同小异，但没有两个项目是完全相同的，管理体系应根据市场环境、政策环境、自然环境等的变化做出相应的适用性调整。

3.5.2　工程项目智慧管理体系的结构

工程项目智慧管理体系的目标是通过项目组织结构、程序、资源等智慧化协调应用，通过对项目全生命周期的智慧化规划与控制，结合工程项目基本目标确定提供基本的服务。本节以企业架构理论为构建体系的基本指导理论，基于集成与协同管理理论、全生命周期管理理论及利益相关者理论提出智慧管理体系的基本结构。

根据全生命周期、集成管理和协同管理理念，应用智慧管理的目的在于推动企业、项目系统中各参与方可以更加方便、快捷地获得信息，提升工作效率和工作规范化程度，同时依托先进的网络信息化环境和技术，优化基础资源，向管理者提供科学的决策依据，提高管理的效率和质量，实现管理模式的综合创新。因此，工程项目智慧管理的目标是实现信息集成管理，使各主要利益相关者协同工作。工程项目中的组织智慧管理、目标智慧管理、全过程智慧管理应通过建立信息系统平台，理顺交叉与重叠，并将其进行有机结合，从而提高建设工程项目的整体效益。智慧管理体系的集成包含组织集成、全过程集成、信息集成及目标集成四个模块，如图 3–6 所示。

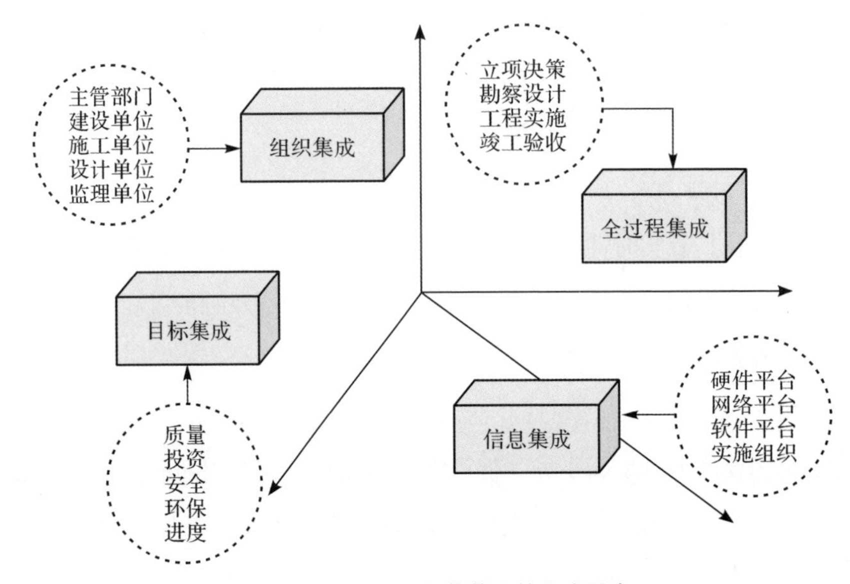

图 3–6　工程项目智慧管理的集成要素

工程项目智慧管理体系是以信息模型为基础，以企业架构理论、集成和协同管理理论、全生命周期理论及利益相关者理论为主要依据，以相关数据库存储信息为基本数据支撑，以智慧管理平台为依托，符合建设工程项目的专业的技术标准和统一编码体系，通过集成门户展现方式，集成决策支持、规划与组织管理、过程控制与目标管理、利益相关者管理、运营与维护管理（竣工验收与运维）、信息系统管理（编码结构、资源配置等）等基本管理要素和功能，促使政府主管部门、相关建设单位、施工单位、监理单位等多方参与主体在项目建设全过程中进行科学而有效的数据采集和分析，最终提供决策支持或自主决策。最终的体系架构如图 3–7 所示。

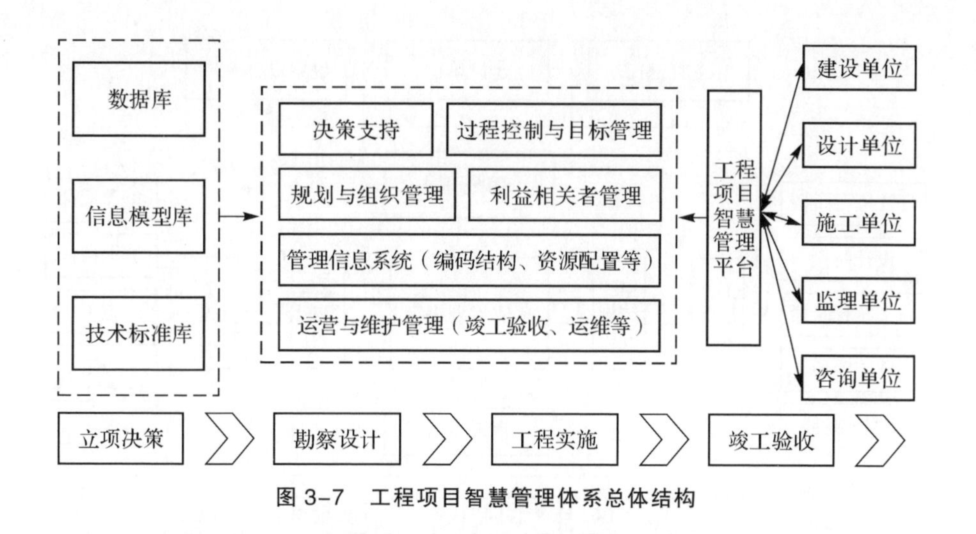

图 3–7　工程项目智慧管理体系总体结构

3.5.3　工程项目建设智慧管理体系的基本内容

根据上述小节对工程项目智慧管理体系总体结构的分析，本节将详细从规划组织管理、利益相关者管理、过程控制与目标管理、运营与维护管理和信息系统管理五个方面阐述工程项目建设智慧管理体系的基本内容。

3.5.3.1　工程项目建设智慧管理体系内容

（1）规划与组织智慧管理

工程项目规划与组织管理的智慧化主要包括项目建设前期的基本准备工作，其管理内容包含工程项目总体策划决策、组织结构分析、工作任务分解、管理职能分工及相关流程制定等方面。工程项目实施前，通过编制和确定项目规划来建立项目总体目标和相应的目标体系，对项目目标进行分解，确定各单位的工作分工，并制定工作流程，形成包括项目全生命周期的项目实施计划。根据该计划进行项目组织管理，确定各单位的任务，建设单位需明确项目管理目标的分解与落实情况、项目范围和项目结构的分解、项目任务的具体分配、项目管理的工作程序和基本流程、项目管理所需的各方面资源等问题，具体逻辑和原理如图 3–8 所示。

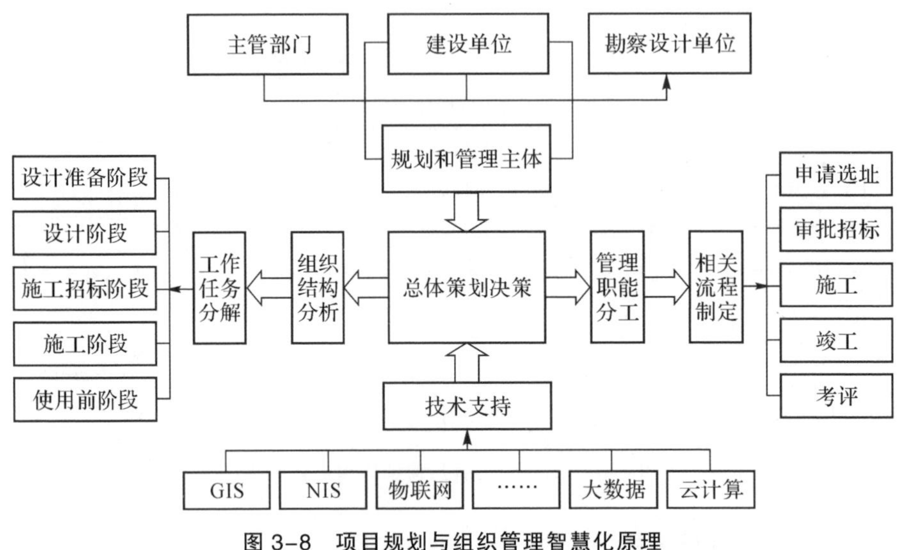

图 3-8　项目规划与组织管理智慧化原理

（2）利益相关者智慧管理

根据 Wheeler（1998）的利益相关者分类方法，以利益相关者是否具有社会性、是否对项目有直接影响为依据，工程项目建设的利益相关者可分为如下四类（见图 3-9）。

一是主要社会型利益相关者，包括建设单位、施工单位、设计单位、监理单位、咨询单位、运维单位等，这些利益相关者均具备社会性并对工程项目有直接影响。

二是次要社会型利益相关者，包括政府相关主管部门、行业相关协会、评估机构等，以上利益相关者均具备社会性，对工程项目有间接影响。

三是主要非社会型利益相关者，包括自然环境、地质条件等。

四是次要非社会型利益相关者，包括项目受众群体、环境压力团体、利益压力团体等。

主要的社会型利益相关者	次要的社会利益相关者	主要的非社会型利益相关者	次要的非社会型利益相关者
·业主 ·施工单位 ·设计单位 ·咨询单位 ·监理单位	·国家政府主管部门 ·地方政府主管部门 ·工程项目所涉及的行业协会等	·自然环境 ·土地环境等	·项目受众群体 ·项目建设沿线群众 ·环境保护协会等

图 3-9　工程项目利益相关者划分

由于工程项目中利益相关者众多，本书仅对主要的社会型利益相关者的智慧化管理进行分析。利益相关者智慧化管理的目标是提高其工作的协同度，缩短工程项目建设周期，提高建设质量，降低建设成本，提升工程项目建设质量和效率。在工程项目全生命周期建设中，利益相关者之间的利益冲突不利于项目的推进，利益相关者的智慧化管理的核心就是平衡各方利益，最理想的状态就是项目本身和各利益相关者同时达到利益最大化，在这种状态下，项目的推进也必然是最理想的状态。智慧管理体系下，通过智慧管理系统的高效协作平台，支持利益相关者之间协同合作，细化工程项目设计，建设项目模型精度随之提高，模型集成的相关数据趋于完整。在项目全生命周期中，平台所集成的数据对各利益相关者开放，各方信息交流高效无障碍，解决了传统项目管理模式中设计施工脱节、信息孤岛等问题。具体逻辑如图 3-10 所示。

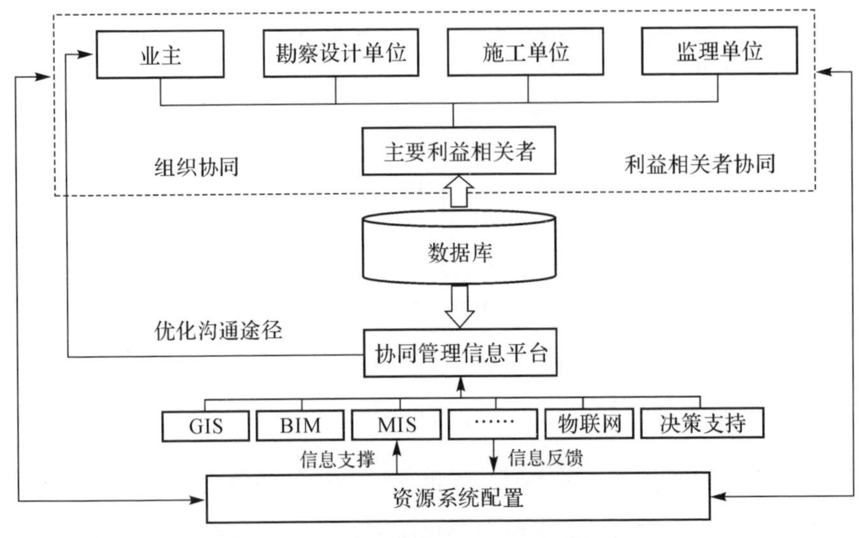

图 3-10　工程项目利益相关者智慧管理原理

（3）过程控制与目标智慧管理

项目过程控制包含于项目立项阶段、设计阶段和施工阶段，下面将详细阐述各阶段的智慧管理内容，具体逻辑如 3-11 所示。

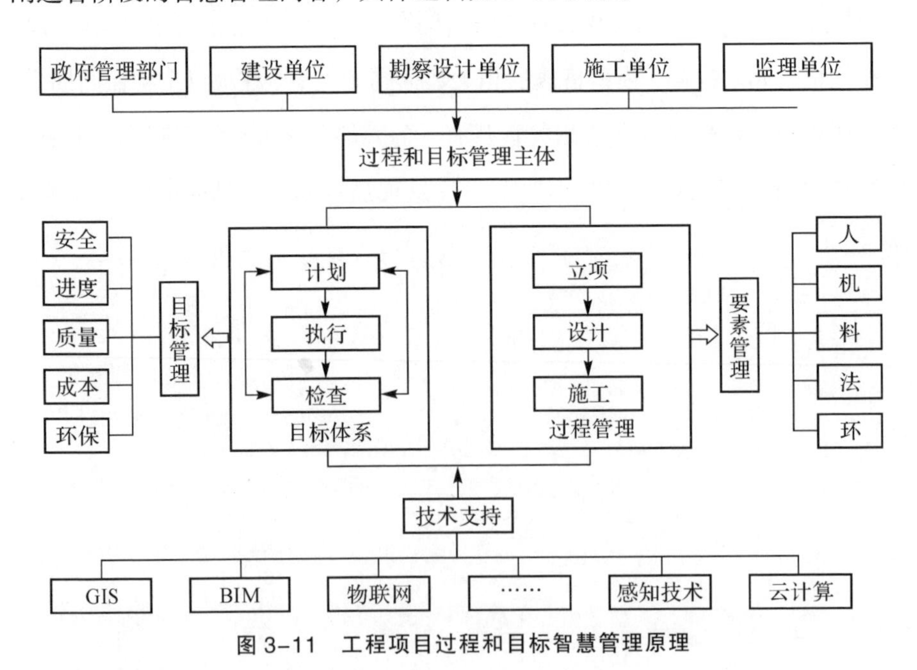

图 3-11　工程项目过程和目标智慧管理原理

①立项阶段

建设工程项目在早期就要确定项目的总目标，并将这一总目标贯穿于项目的实施全过程中，对总体方案规划、设计、可行性研究等方面起到指导作用，并作为之后评价的依据。在立项阶段，将项目的投资估算、经济效益、社会效益、主要技术经济指标、方案比选等指标通过项目信息库和大数据挖掘的方式与类似项目进行对比，确定最优方案，编制项目概算，编制环保节能报告，实现投资控制最优化和智慧决策。

②设计阶段

设计阶段，充分利用协同设计平台，在勘察设计阶段，引入 BIM 等信息技术建立前期模型，将建设工程初步设计需要的各类信息数字化、参数化。在此基础上规范各专业工作程序，明确专业分工、责任人、接口、时间节点，将其与信息系统形成的模型匹配建模，实时录入设计成果，包括地形与地物测绘数据、地质情况信息、水文等专业设计资料。施工图设计的基础是勘察设计阶段的设计成果，与勘察阶段一样，设计平台整合数据格式、提供单一数据源、集中管理设计资料、控制各专业设计作业流程和接口，实现协同设计。此外，协同设计平台可进行虚拟设计和智能设计，实现设计能耗分析、碰撞检测、成本预测等。协同设计平台对设计成果进行再分发，使需要的执行人和专业可以关注与之相关的数据变化结果，从而实现各设计专业的工作联动。设计阶段经过一系列设计活动，模型数据逐渐完善，在设计过程的各个阶段仍然存在方案比选的问题。通过对不同版本的设计进行模拟，得出建设工程的各项参数，再与项目信息库中的类似方案做比较，选择合适的方案，并随时对设计方案进行优化，提高设计质量。同时，系统为设计过程中各专业提供了便捷的信息交流平台，各专业间协同设计，有效降低了设计成本。

③施工阶段

工程项目在此阶段的智慧管理工作主要是实现进度控制、质量控制和安全管理。工程项目的进度控制是对项目分解以后的工作任务进行统筹管理和优化，对工作任务的顺序、完成时间、资源消耗进行合理的排布，达到资源利用最优化、工期排布最优化的控制目标。进度控制要求各单位按计划推进工作，但项目进行过程中的状况随时都会发生改变，管理者应根据实际状况及时做出计划调整，并进行调整后优化。进度控制过程中，依靠物联网进行状态感知，并将采集的信息实时回传至信息模型，实现进度控制中的实时监控；利用大数据挖掘计算实时数据，对计划进行调整和优化，实现进度控制智慧化。质量控制方面，通过智慧信息模型的碰撞检查功能，对设计方案进行优化，减少设计变更，提高设计精度，为建设工程所需构件精确生产提供了保障。在构件安装过程中，应用施工模拟技术对施工过程进行模拟，制定可靠的施工方案，确保施工质量。利用信息模型集成项目建设过程中的所有质量问题，做到整改有据可查，物联网可以实时采集项目进行过程中的质量状态，做到质量事故预警、质量整改追踪，实现质量控制智慧化。安全管理方面，利用视频监控技术，建立监控中心，配套相关软件功能，实现施工现场的动态实时和可视化监管；通过信息系统合理分配日常施工作业计划，重点进行智能安全监督，对不安全行为进行数据收集和图片甄别，实现安全预警和灵活管理。

（4）运营与维护管理

单位完成工程建设后，应按照国家规定进行竣工验收，并交付运维单位管理，主要包括两方面工作：一是对完工工程进行竣工验收，根据相关法律法规及文件对工程和竣工资料进行全面检查，发现问题及时反馈给施工单位，并督促施工单位进行整改，最终交由运维单位管理；二是建筑物使用之后的运维管理，包括空间管理、资产管理、维护管理、公共安全管理和能耗管理五个方面。项目运营维护管理包括项目移交和运营维护管理两部分，项目移交不仅是项目建设实体的移交，还包括项目信息的移交，完整的项目信息包括从项目策划阶段一直到项目竣工验收结束的由信息模型集成的所有信息，运营方通过这些项目信息，科学开展设施管理工作。运营维护以 RFID、

NFC 等非接触式的自动识别技术为支持，进行设备管理中信息数据的采集，并由信息模型进行数据集成。具体运作机理如图 3-12 所示。

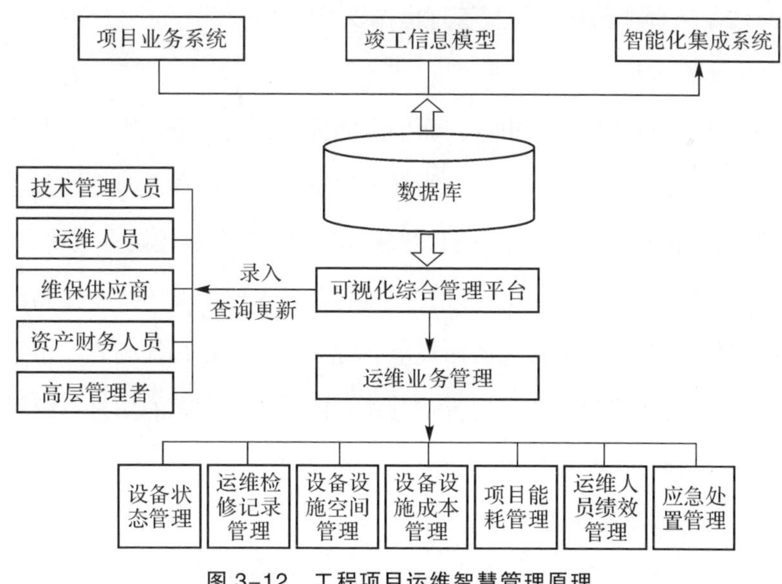

图 3-12　工程项目运维智慧管理原理

（5）信息系统智慧管理

建设工程项目的智慧管理体系建立在软件、硬件及网络环境配备完善的基础上，软件、硬件和网络对数据的存储、交流、传输有着至关重要的作用。各利益相关者根据自己的角色和软件需要，配备相关的硬件设备，保证软件的使用性能和数据的处理要求。建设工程项目的智慧管理体系还要依托于先进的软件配备，如操作系统、办公软件、开发软件、数据库软件、BIM 类软件、防火墙、防病毒软件、网络管理软件、备份软件等。由于软硬件种类繁多、更新换代速度快、项目信息数据庞大，硬件、软件配备应具有良好的兼容性、扩展性和一定的前瞻性，以提高系统的生命力。使用过程中应制定信息安全保障措施、机房管理措施、运行维护制度，严格控制系统操作权限，做好访问日志留存，制定数据备份措施，以确保数据和网络环境的安全性。建设工程项目的智慧管理平台需要集成物理信息采集、管理数据采集、数据传输、数据集成、数据挖掘、数据存储等多项功能，实体项目的建设和项目数据建设相辅相成，在项目全生命周期完成之后，形成完整的项目信息，并作为建设项目信息库的一部分进行收录。

3.5.3.2　工程项目建设智慧管理运作要求

（1）数据标准化

智慧管理的基础是信息集成，而信息的标准化及规范化则是各业务部门实现数据和信息交互共享的基础，为保证信息的可靠性和及时性，各业务部门必须使用标准编码统一口径。因为智慧感知手段与系统建设方式种类繁多，设备供应商数量多，标准不一，且互不兼容，极大地影响了集中控制与管理的效率。因此，要求数据格式层面规范、统一且标准化，提高管控水平，推动我国工程项目管理标准化、规范化发展，使用兼容性高的信息系统管理软件，形成资源统一管理与共享。

（2）实施监管差异化

工程项目的智慧管理在监管方面涉及的对象和种类繁多，不仅感知对象所需的信息程度有所差异，定位要求也千差万别，因此，单一感知技术手段的使用，会导致信息冗余，增加建设成本。因此，应综合运用 RFID、无线传感器技术、嵌入式技术等多种感知手段，基于感知对象的具体特征，采取相应的技术手段，实现差异化的实时监管。针对重要区域，如工程项目施工现场的安全管理，可采用智能传感芯片感知周边环境，了解施工现场的安全状态。

（3）加强系统整合

工程项目管理体系在信息化和数字化发展阶段已经积累了大量的管理信息化数据，因此，智慧管理体系的运用可充分利用已有信息资源进行全方位的智慧化转变。为减少重复开发成本，应重视新智慧管理平台与原有系统之间的兼容性和衔接性。同时，目前不同类型的工程管理系统之间联系较少，各管理系统独立存在的现象不利于整个工程管理体系的统一管理工作，因此，在智慧管理过程中，需加强各层次、各类型的工程项目管理系统的整合与集成，提升整体管理的智慧性。

（4）保证信息安全

信息安全在信息收集、加工和使用等方面有较大的影响。工程项目智慧管理的一个重要功能在于感知与定位，在感知、传输到加工、处理诸多环节里都涉及无线通信传播，该过程通常有较大的安全隐患。因此，加强各个环节的安全保密工作，保障信息安全是必须重视的问题。在智慧管理过程中，需将有保密要求的工作任务放在关键位置，结合实际情况，制定有针对性的安全策略，并逐步构建一个完善的安全保密体系，保障管理体系安全可靠运行。

第4章　输变电工程项目智慧管理的系统架构和关键技术

工程项目智慧管理体系依托企业架构理论、集成管理理论和利益相关者理论，实现组织维、目标维、过程维和信息维的集成，融合规划与组织管理、利益相关者管理、过程控制与目标管理、运营维护管理和信息系统管理。输变电工程作为工程建设的一个领域，具有其自身的特殊性，呈现出更明显的重要性、专业性、明确性、复杂性等特征，但作为工程项目管理的一个分支，其基本的管理活动和内容可遵循工程项目管理的一般方法。本章基于国网浙江电力建设分公司的输变电工程智慧管理实践，具体介绍输变电工程智慧管理的架构和模块，以及相关的关键技术和基础设备。

输变电工程项目智慧管理通过综合使用物联网、大数据、云计算等新一代信息化技术手段，以GIM为模型，构建一个智能感知、互联协同、科学管理的工程项目生态圈，辅助电网工程建设管理，实现输变电工程项目质量、进度、安全、成本、施工现场等的全方位可视化、精细化、智能化管理，整体提升工程项目管理水平。

国网浙江电力建设分公司按照“开放共享、创新协同”思路，建设标准统一、数据贯通、开放共享的基建全过程综合数字化管理平台，将输变电工程全过程管理涉及的业务流程、专业职能、新型技术、智能设备、潜在资源、海量数据等内在关系进行优化，以基建项目全过程管理为主线，涵盖基建计划、技术、技经、安全、质量、队伍六大专业职能管理，具备包括基建工程状态全面感知、数据高效处理、信息协同共享、价值深度挖掘在内的四大能力，通过移动互联、人工智能、大数据等先进技术手段打破业务壁垒，形成一个比较完整的基建全过程数据流，实现交互共享、云边协同，实现基建核心业务的全过程、数字化、智能化管控和输变电工程建设项目“状态全面感知、信息智能处理、数据全面贯通、应用便捷灵活、物理数字交付同步”的智慧管理目标。

4.1　输变电工程项目智慧管理的系统架构

4.1.1　架构与架构分层

架构描述的对象是直接构成系统的抽象组件。信息系统架构是一个体系结构，展现了一个政府、事业单位或企业的信息系统中各部分之间的关系，以及信息系统与相关业务和相关技术之间的关系。

关于架构层次的划分，目前尚无具体的行业标准或规范要求。一般而言，智慧管理系统架构以三层架构为基础，并根据项目需求和预定目标对中间层进行细化形成多层分布式体系结构，常见的架构层次划分一般有三层、四层、五层和六层四种类型，具体如表 4-1 所示（王要武，陶斌辉，2019）。

表 4-1　智慧管理系统常见架构层次划分

架构层次	各层名称	具体功能
三层	数据访问层	对施工现场基础数据进行采集
	业务层	对项目管理目标进行业务分类
	用户层	将数据分析结果传递到友好的用户界面
四层	前端感知层	由传感器等智能硬件组成，对施工现场基础数据进行采集
	本地管理层	对前端感知层采集的数据通过无线方式上传到本地管理层，进行显示等处理

续表

架构层次	各层名称	具体功能
四层	云端部署层	对本地管理层的数据通过无线方式上传到云平台，利用大数据技术，对数据进行统计处理
	移动应用层	对云平台处理过的数据通过移动互联网技术，推送到应用 App，决策者可随时随地查看现场数据进行决策
五层	现场应用层	通过专业系统对现场设置的装置进行数据采集
	集成监管层	通过数据接口将现场采集的数据进行整理和统计分析，供企业管理层监管使用
	决策分析层	在集成监管层基础上通过多种模型对数据进行模拟，挖掘关联，进行质量分析、进度分析、风险分析等
	数据中心层	为支持各应用而建立的知识数据库系统
	行业监管层	适用于政府行业监管部门进行行业监管，包括安全监管、质量监管、绿色施工监管、依法合规监管等
六层	智能采集层	将现场各类数据采集到通信层
	通信层	由通信网络组成，是数据传输的集成通道
	基础设施层	通过移动网络基站等传递数据到远程数据库
	数据层	存储项目中的实时数据和历史数据
	应用层	包含安全、质量、进度、环保、设备等环节的智能分析运算
	接入层	包含浏览器界面和移动终端界面供用户选择

电力基建工程项目智慧管理系统架构一般为四层架构，由感知层、网络层、平台层和应用层组成，如图 4–1 所示。

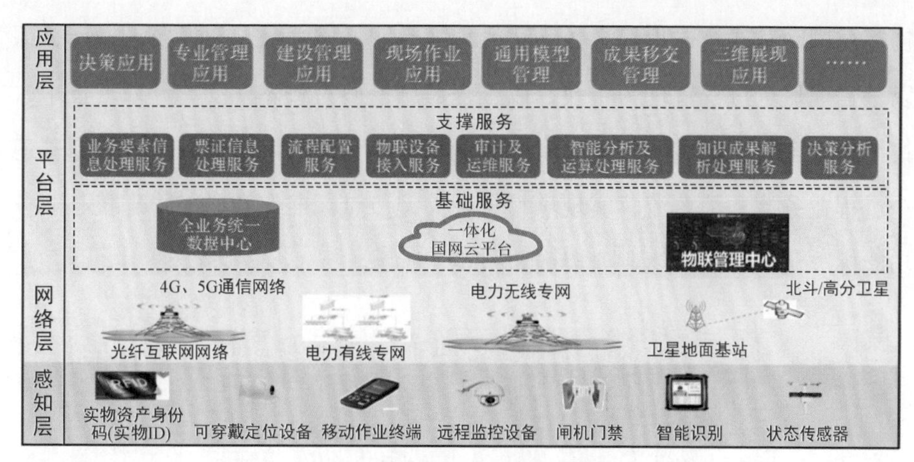

图 4-1　电力基建工程项目智慧管理系统架构

感知层是物理接触层，由二维条形码、射频识别标签和 RFID 识读器、摄像头及各种嵌入式终端等各类传感器组成传感器网络，实现对工程施工现场设施、设备和施工实体要素的数据采集、识别和监测。感知层改变了传统信息系统内部运算处理能力高而外部感知能力低的境况，以低功耗、小体积、低成本实现灵敏、可靠、全面的物理感知。

网络层主要是利用各类有线或无线通信网络将感知层采集的数据进行传输，主要包括互联网网络、通信网络、有线和无线专网等。

平台层基于物联管理中心、数据中心、云计算平台、专家系统等基础服务对海量数据进行智能处理和分析，为业务要素信息处理、物联设备配置、决策分析等提供支撑，实现对应用层的支持。

在感知层、网络层、平台层的基础上，可通过应用层实现辅助决策、专业管理、现场作业应用等各类职能和场景的智能化管理应用。

4.1.2　全过程“智慧基建”的系统架构

本节以国网浙江电力的全过程“智慧基建”平台为例，来阐述输变电工程项目智慧管理的系统架构，该系统架构体现了业务架构和 IT 应用的融合。业务架构主要描述了各业务间的关系结构。全过程智慧基建系统总体业务架构遵循国网基建全过程综合数字化管理平台“一横六纵”建设要求设计，即以基建项目全过程管理为主线，以工程信息模型为载体，支撑计划、技术、技经、安全、质量、队伍六大专业职能管理，构建数字化业务流，贯穿基建全过程业务流和信息流，实现项目管理关键节点标准化和职能管理核心业务功能标准化。系统整体业务架构如图 4–2 所示。

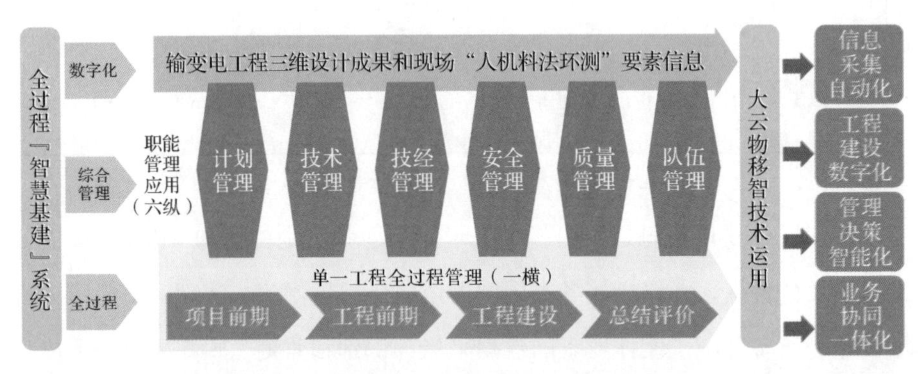

图 4–2　全过程“智慧基建”系统业务架构

全过程“智慧基建”系统从工程源头数据出发，在物联层通过现场部署的各类智能硬件设施进行实时数据采集，包含人脸识别、环境监测装置、定位标签、智能安全帽、鹰眼摄像头、红外对射等。经数据清洗、AI 校验等处理和分析，将数据分析结果传送到友好的用户界面并提供操作导航服务，服务对象为现场各参建单位管理人员、公司总部管理人员。用户界面包括施工现场的智慧工地指挥中心、公司总部的监控指挥中心以及各指定项目管理人员的手机 App 管理软件，支持电脑端、移动端、大屏端不同终端进行展现，用户层级覆盖省公司、建设管理单位、参建单位、项目部、作业班组等，为项目全过程管理和职能管理提供数据支持。平台的系统架构如图 4–3 所示。

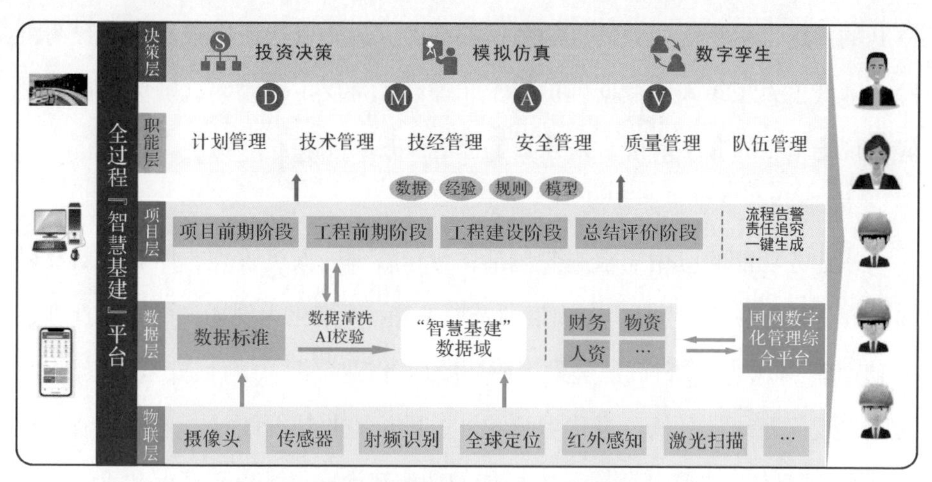

图 4-3　全过程“智慧基建”平台的系统架构

4.1.2.1　职能管理场景（职能层）

职能管理场景完全按照国网要求进行规划，包含计划管理、技术管理、技经管理、安全管理、质量管理、队伍管理等六大专业职能管理建设，全面落实总部职能管理关键节点建设要求，满足基建全过程职能管理“规定动作”要求，总体业务架构与总部“六纵”保持一致。

（1）计划管理业务功能

该业务功能的应用需求主要包括：进度计划在线编制、施工监理招标管理、重点工程管理、计划执行情况统计，可细化为年度计划编制、进度完成情况统计、重点工程月报、投资分析、开工投产情况、项目信息查询等 12 项具体功能应用需求。本职能的功能建设取得了以下亮点和成效。

①综合感知，实现进度管理可视化。采集设计进展、物资到货、施工作业、验收记录等关键节点信息，立体呈现工程整体形象进度。智能比对工程建设计划，自动推送偏差预警，为进度管理提供有效的决策支撑。

②基建工程物资采购计划、基建工程物资履约跟踪。共 36 项核心关键节点，针对传统物资采购提报模式中的错报、漏报问题，实现物资采购计划的智能提报。主要特点是通过与全业务数据中心的数据集成，实现 ERP 和

ECP的基建工程物资相关信息的数据共享，完成物资快速申报及物资履约跟踪，降低了人工录入和数据维护成本，提高了基层工作效率，确保了物资供应和现场施工的有序衔接，提升了工程建设效率。

（2）安全管理业务功能

该业务功能的应用需求主要包括：分包管理、人员管理、作业计划及风险管理、安全检查及考核、在线培训及抽考等，可细化为现场人员配置管理、考勤管理、风险作业统计、风险到岗履职统计、作业票汇总统计、安全检查统计、检查发现问题统计分析、量化考核统计、质量验收情况统计、考试成绩管理等共24项具体功能应用需求。本职能的功能建设取得了以下亮点和成效。

①智慧监控，提升安全管理水平。以风险“一本账”为龙头，以作业票为核心，依托分包管理多媒体培训、班组管理等应用，构建覆盖队伍、人员、风险、计划的逻辑互证综合防控体系，有效加强作业现场本质安全管理。同时应用视频智能识别算法，针对视频画面开展未佩戴安全帽、违规闯入等各类场景的智能分析与研判。

②智能化考核实施，扎实高效落实安全质量责任量化考核要求。落实按季开展量化考核的实施要求，固化现场检查考核方式和标准，实现问题处理流程自定义配置、考核计划智能管理、考核结果智能分析和反违章信息库自动更新等功能，达到现场检查结果实时线上传输、即传即存，便于各级检查考核人员将检查过程与结果在电脑端与手机移动端无缝切换，优化安全质量责任量化考核、考核检查人员现场考核过程，提高考核人员工作效率和工作质量，提升问题整改效率，实现安全质量责任量化考核信息化、规范化、自动化。

（3）质量管理业务功能

该业务功能的应用需求主要包括：设备安装质量管控、质量验收管理、质量检查及考核，可细化为设备到货验收、设备安装过程管控、施工质量验收统计分析、达标投产考核、质量通病汇总分析等8项具体功能需求。本职能的功能建设取得了以下亮点和成效。

①质量验收精准高效管控。该应用以精简施工质量验收标准化管理流程为原则，以“配置化、流程化、智能化”为重点，实现质量管控流程自定义配置、质量管控验收表单自动化生成以及实测实量数据智能化分析。覆盖工程质量验收全过程，涉及输电线路工程、变电（换流）站土建工程、电气装置安装工程等 22 个业务场景，490 项质量验收表单，真正实现对施工质量验收的高效审核、精准管控，降低人员工作负担，实现数字化。

②实测实量，推进电网高质量建设。开发数字质量管控模块，依托蓝牙、GPS 定位等技术，实现实名、实地、实时地记录各项数据。通过对激光测距仪、蓝牙游标卡尺、拉力传感器、倾角传感器和接地电阻测试仪等测量设备的数字化应用，实现实测实量数据实时上传，为基层减负增效，强化工程建设质量责任追溯。

（4）技经管理业务功能

该业务功能的应用需求主要包括：初设评审管理、施工图预算管理、结算管理、造价指标分析等功能，可细化为月度评审计划、项目初步设计评审进展情况、施工图预算实施情况、施工图预算应用情况、结算执行情况、结算按期完成情况、结算移交情况、技经管理指标、工程造价指标等 9 项具体功能应用需求。

功能需求突出技经精准管理的定位，着重数据可比性、及时性，结合预规、定额、施工图预算和结算通用格式等相关标准应用，落实“放管服”，为基层减负，按照新的综合单价法开展施工图预算编制、分析应用，以合同为中心统一工程造价费用统计维度，结合工程变更信息实时分析工程费用。本职能的功能建设取得了以下亮点和成效。

①智能化评审。以输变电工程初设、施工图评审的计划、送资、预审、评审、收口等评审全过程管理环节为主线，以评审数据体系表和智能评审规则库为核心，以技术方案智能评审、技经造价智能评审为抓手，采用“一套基础数据、一套评审智库、一套智能系统、一套协同流程”“四个一”建设

理念，构建集对象、环节、规则、协同管理于一体的设计智能评审系统。

②智能化结算。打通工程结算各环节的信息通道，采用智能化手段对结算审查和造价分析进行校核、预警，线上单轨变更、即时分部结算、智能结算审查，使得结算管控更加规范、结算审查更加智能，提升工程造价精益化管理水平。

（5）技术管理业务功能

该业务功能的应用要求主要包括：设计管理、通用设计管理、设计质量管理、通用设备应用管理、新技术应用管理、施工装备信息管理等，可细化为变电站建设工程、线路工程通用设计应用统计、变电站通用设备应用情况统计、技术成果应用统计、常见设计质量问题统计、施工装备运营情况分析等 8 项具体功能应用需求。本职能的功能建设取得了以下亮点和成效。

①机具管理应用智能化，实现机具业务闭环管控。智能机具管理应用包含仓储管理、租赁管理、GPS 跟踪管理等 10 项核心业务功能应用，实现“购、储、检、修、配、用、服”7 大环节业务信息的闭环管控，从而实现机具设备标签电子化、机具流通可视化、机具检修和报废透明化、仓库管理信息化，提高机具出入库效率，加强机具仓库管理信息化水平，防止机具丢失损坏无法追溯，保障机具的状态可控在控，实现对机具设备全生命周期的管控，保障施工本质安全。

②开展施工关键技术及装备管理智能化应用探索，建立施工技术支撑体系。针对线路及变电工程的各项施工作业，实现施工图会检、交底计划管理、索道架设方案编制及报审、架线施工方案编制及报审、施工装备配置等业务场景的智能化管理应用，提供开源共享式服务，不断积累施工经验数据，持续迭代更新，为施工单位技术能力及企业管理辅助决策赋能。

（6）队伍管理业务功能

该业务功能的应用需求主要包括：队伍基础信息库、专业能力建设等，可细化为基础信息查询、评价结果查询、评价结果汇总与分析、发布培训大纲、专业能力年度考试抽考等 8 项具体功能应用需求。本职能的功能建设取得了以下亮点和成效。

①源头管控，加强基建队伍专业能力建设。建立基建队伍和人员信息库的多维评价体系，实现队伍、人员进出库及资质预告警；开展队伍和人员综合能力评价，完成队伍承载力分析；通过培训大纲、试题库、在线考试等功能，加强基建队伍专业能力。

②流程优化，助力工程分包管理动态管控。通过建立明确透明的分包管理细化要求及标准化模板，实现按需申报、实时审批、分包合同在线管理、分包人员动态分析、人员信息智能预警等功能，强化分包队伍入库审查把关，简化核心分包队伍入库流程链条，提高管理审批效率，实现工程分包管理的动态管控。同时通过建立核心分包队伍与班组组建流程的强关联，依据非库内队伍一律无法参与分包作业的原则，实现对不合格分包商的有效筛查与杜绝，有效完善分包管理手段。

4.1.2.2　项目管理场景（项目层）

项目管理场景基于输变电工程项目全过程管理现状，在国网单个项目全过程管控主流程增加部分自选动作，总体业务架构与总部“一横”保持一致。包括单个项目全过程管理关键节点、标准化场景，涉及依据性文件并形成标准化成果，标准化业务数据通过省级数据中台与其他专业横向交互。

“一横”以“主流程＋子流程”的方式，覆盖输变电工程四大阶段、六大专业，落实“七不审、十不开、六不投、一不交”依法合规要求，实现三个项目部标准化管理，达到工程分层分级建设管理要求。

4.1.2.3　数据中台场景（数据层和决策层）

数据中台场景是将数据作为资产管理的一个具体载体，实现数据汇聚、标准构建、对外服务三大功能。涵盖数据资产管理中心、数据综合服务中心和数据驱动辅助决策中心三个方面。

（1）数据资产管理中心

①模型设计。根据修编的模型，参照设计规范，结合中台基础信息梳理成果，提炼出数据共享服务需求，自下而上梳理，逐个理清系统的功能数据及交互关系，确定数据唯一来源，统一编码规则，设计项目域贴源层、共享层、分析层物理模型。

②数据量展示。将数据同步到贴源层、共享层、分析层中，并对数据接入情况进行监控。展示接入数据的结构化 / 非结构化变化情况，统计系统全部数据量、条目数、各系统数据量。

③数据处理链监测。每天对接入数据进行监测，监控源业务系统数据更新抽取到中台过程中失败的情况。

④数据综合治理。各单位依据“以用促建”原则，重点围绕基建项目业务的特点，从完整性、及时性、规范性构建多维度校验规则，并开展数据资产质量的评价，开展数据中台接入数据的质量核查及闭环治理工作，持续提升数据质量。

⑤数据资产发布。提供数据资产质量统一浏览窗口，供各单位查看、整改。按照国网数字化移交等数据上报要求，分析数据质量情况，整理内控规则，满足数据上报质量管控需求。

（2）数据综合服务中心

①提供知识共享服务。建立通用设计、标准模板、公司文件、典型案例等知识共享库，将工作成果进行固化，提供知识共享服务；同时，基于实际调用频次、评价结论等情况，对知识库中的文件进行星级评价，更好地实现个性化推送和定制化服务。

②辅助生成报表。基于标准模板，构建报表数据模型，在中台上实现报表的自动取数、归集、填制，辅助生成报表。实现报表在线编辑、参照模板数据导入 / 下载。统计报表历史数据，通过日期筛选，查询往期的报表数据，从而减少管理人员编制报表的工作量，降低数据获取的难度。

（3）数据驱动辅助决策中心

辅助决策是全过程“智慧基建”的顶层应用，以实现对数据的价值挖掘。涵盖数字化决策主题库和数据辅助决策服务两大部分，助力实现从经验式决策向数据驱动型决策的转变。

①数字化决策主题库。按照国网“一横六纵”及浙电基建业务实际情况，构建项目管理辅助决策分析主题库，实现对进度、安全、质量、技术、技经、队伍等的整体管理，通过角色和操作行为进行精准的主题推送，方便各级管理人员及时掌握相关的信息动态，实现需求分类提报、审核、发布的全过程管理。

②数据辅助决策服务。基于全过程“智慧基建”系统中的全量、实际数据，运用三维可视化、大数据等先进技术，涵盖重要装备承载力、三类人员配置预测、造价供应商评价等数字化辅助决策服务，为公司决策层、管理层、执行层提供差异化、多维度、可视化的统计报表和数字分析决策。将管理要求与工程信息有效衔接，借助大数据、人工智能技术对风险进行动态识别并预警提醒，开展专业、行业相关趋势风险分析，为基建管理提供智能化分析决策支撑服务，助力实现从经验式决策向数据驱动型决策的转变，助力推动企业数字化转型。

基建平台遵循“互联网＋”理念，将“大、云、物、移、智”等信息技术与基建工程管理深化融合应用，具体包括：

基建＋物联网：应用物联网技术，实现对工程现场的智能感知、自动识别、自动预警。实现“非主动应用”，切实为基层减负提效。

基建＋移动互联：应用移动互联技术，通过数字基建 App 实现工程现场业务实时处理、移动协同办公，为现场管理赋能，提高管理时效。

基建＋大数据：应用大数据技术，挖掘数据价值，形成智能分析场景，为基建管理提供辅助决策，实现价值深度挖掘，提高管理水平。

基建＋人工智能：应用人工智能技术，通过图像识别、人脸识别、语义识别、行为识别等手段，精准管控，智能预警，提高智能化管理水平。

基建＋三维数字化：将三维数字化模型应用于项目全过程，实现工程可视化设计—施工—竣工移交，加强业务协同，实现数字化基建管理。

信息技术与工程管理深度融合应用，实现工程信息的自动采集、智能分析和多维展现，同时通过电脑端、移动端、大屏多种形式进行整合应用，支撑信息采集自动化、工程建设数字化、管理决策智能化、业务协同一体化目标的落地实现。

4.2　输变电工程项目智慧管理的应用层次

4.2.1　现场管理层

4.2.1.1　功能需求

输变电工程建设项目智慧管理应该在总结电网建设安全质量管理经验的基础上，依托国家电网新建工程现场管理要求，积极探索“物联网＋基建”新手段，让物体（主要施工设施及主要工器具）实现能“感知”、能“说话”、能“沟通”、能“判断”等功能。

在施工现场的管理中，传统的施工监测易受人为因素影响且效率低下，通过引进吸收最新智能技术，利用先进的信息技术手段，借助施工现场广泛部署的智能传感设备，搭建起施工现场管理的感知网络，构建智能监控和防范体系，对“人、机、料、法、环”等施工关键要素进行全方位实时监控，实现安全文明设施智能化、主要施工机械智能化、特殊场景监管无人化管理，变被动“监督”为智慧“监控”。

同时，在安全生产监督管理方面引入新理念，充分体现“安全第一、预防为主、综合治理”的方针。探索实现安全文明设施全过程监测、主要工器具远程状态监测及“自我”安全管理、主体施工作业机器人交底、高风险施工作业机器人监护、人员违章行为智能识别、现场整体现实虚拟结合管理、“数字化＋无人”仓库管理、工器具机器人自动配送等功能，为实现电网建设泛在互联管理创造良好条件。

4.2.1.2　解决方案

智慧管理系统在建筑工程领域已有较多应用，电网工程领域正处于起步阶段，不能完全照搬建筑工程领域的应用模式，而是要结合电网工程建设特点，围绕电网工程项目管理的最终目标，因地制宜开发一套普适的电网智慧管理系统，建立起一个支撑电网工程管理、信息共享、协同高效、辅助决策的集成式信息化系统。

电网智慧管理平台由省建设公司级平台、项目层级平台和现场智能传感器组成。按功能分九大模块：工程进度智慧管理、安全监控智慧管理、专业用工智慧管理、区域施工智慧管理、现场环境智慧管理、数字化库房智慧管理、设备物资智慧管理、质量安全智慧监管、应急智慧管理（方靖宇，周峥栋，徐斌，等，2019）。

（1）工程进度智慧管理

根据业务资源编制进度计划，并通过多端数据汇总，动态分析业务资源使用，根据进度计划实现资源差异识别，实现工程进度的全过程跟踪监控，辅助项目管理人员的进度管控和项目资源配置。

（2）安全监控智慧管理

通过现场部署各类智能监控装置，结合不同管理场景和管控需求，打造施工现场视频实时监控、安全风险可视化管理、AR 全景展现和 AI 视频智能识别、智能安全帽监测等功能应用，实现工程施工的全局掌控、远程可视化监管、安全风险的智能化识别检测以及违章违规行为的智能化监控，打破传统施工现场管理依赖现场人工监管的困境，解决安全风险及管理不到位的问题，大大提高工程施工的安全管理效率和管理水平，减低工程施工的事故发生率，确保工程安全。

（3）专业用工智慧管理

对项目参建部门、参建单位管理人员和临时工作人员的参建工程信息实行多源汇总，建立人员智能信息库，实施智能考勤、到岗到位管理、用工趋势分析、高风险施工人员生命体征实时监测等应用功能，实现对各类人员身份、行为的多方位管控，为工程项目的用工配置和调度、工人作业安全提供智能化管理支持。

（4）区域施工智慧管理

针对输变电工程项目施工现场的人员、机械众多，危险因素多变等复杂情况，以及施工作业的智能化程度不高、作业效率低下等问题，设置施工区域的电子围栏，对作业区域的危险因素实施智能化监控和人员进出管理，保证施工安全；同时，在施工作业中通过智能监测装置进行组塔施工的倾角和拉力智能监测、跨越架施工智能检测、地质环境沉降监测、深基坑状态智能感知自动检测等，为工程施工提供智能化手段，减轻基层作业人员负担，提高工作效率。

（5）现场环境智慧管理

针对变电工程施工对环境的质量标准要求和文明环保施工要求，实施工程环境指标监控、工程现场气象监测、施工现场噪声和粉尘自动管控、GIS安装环境自动管控等智能化管理应用，加强对工程施工过程中温度、湿度等自然环境监测和施工污染源的全面监测，实现工程施工环境的自动化监控，打造具备广泛感知能力的现场环境智慧管理应用，提升工程建设绿色环保施工的管理水平。

（6）数字化库房智慧管理

利用RFID技术打造智能货柜和基于RFID的虚拟库房，加强对工器具出入库、领用归还、状态监测和验收提醒的智能化管控，提升工程现场施工工器具的专业化、规范化和智能化管理水平。

（7）设备物资智慧管理

针对变电站建设涉及的主变GIS设备等物资生产周期长、质量标准要求高等问题，打造设备物资智慧管理模块，通过对关键监造业务的数字化建设，实现设备监造业务流程可视化、设备发运可视化和监造关键点见证可视化，通过智慧管理平台，对物资设备进行统一监督，推进输变电设备监造工作的专业化和规范化，保证重要设备的质量和按时交付。

（8）质量安全智慧监管

依托智慧基建 App 对在建的基建工程项目实施基建排查，将传统审批模式线上化，集省公司发起、施工项目部填报、建立审核、监管单位提报和退回功能于一体，提高基建排查的透明化、准确性和有效性；通过无人机远程遥感技术应用，辅助输变电工程远程安全质量的稽查管理。

（9）应急智慧管理

从对现场情况进行实时监控、工作部署、应急反馈等应急功能入手，打造大屏应急展示、应急预案管理和应急响应等功能，集应急预案学习、视频培训、应急组织管理和应急响应计划安排于一体，加强应急管理工作的常态化、规范化，保证紧急情况下应急工作的快速开展，提高应急管理水平。

4.2.2　远程监管层

4.2.2.1　功能需求

建设企业下辖子分公司多、项目多，项目分散、跨地区管理的特点明显。公司总部须统一部署智慧管理平台，同时架构云应用软件与数据存储中心，满足公司所有在建项目的业务、监控等数据的上传接入与后台存储。并以公司总部智慧管理平台为管理核心，为公司总部、分公司、子公司、项目部等相关负责人、责任人提供应用权限。通过对工程施工现场的可视化、可量化和精细化管理，实现对工地施工安全、环境、进度、机械设备、人员和工程质量等的全过程、全方位远程实时监管、调度指挥和辅助决策，依靠先进信息技术手段把控基建现场安全，实现基建管理模式革新（崔鹏程，张皓杰，周峥栋，等，2019）。其主要体现在如下几个方面：

一是通过建设统一的门户平台，实现全公司总部、各子分公司、项目部的信息互联互通，实现公司内所有在建项目集中可视化管控与调度指挥和企业多层级（上下层及横向部门）间，全方位的施工现场监控数据与业务信息的共享。

二是通过智能可视化平台，集中、快捷地掌握管理辖区内多个施工现场如人员、机械、施工环境等实时状况，实现项目施工现场管理的可视化、规范化、标准化、信息化与智能化。

三是通过智能手机或其他智能设备“随时随地”查看工地现况，实现移动式办公。

4.2.2.2 解决方案

建立全过程“智慧基建”管控平台，将“物联网＋基建”理念在工程建设领域延伸，推动输变电工程项目管理向智慧化方向持续优化提升。全过程“智慧基建”系统分为前端数据采集子系统、网络传输系统和后端集中管理平台三大部分。前端数据采集子系统主要对施工现场的“人、机、料、法、环”等关键施工要素信息进行数据的实时采集并上传至后台管理系统；网络传输系统主要结合工程施工现场实际，利用无线网络传输前后端采集的各类数据信息，并保证数据传输的准确性和实时性；后端集中管理平台主要将各个子系统的数据进行汇总，并进行一系列数据处理和分析，将有效信息以直观可视化的方式提供给项目各层级管理者以及施工作业人员，为各级管理者提供管理和决策辅助，为施工作业人员提供作业支持。

全过程“智慧基建”系统平台通过信息化技术自动进行数据汇总分析、预警提醒等工作，为工程现场的管理人员工作提供便利条件，为公司开展工作提供可靠的技术支撑；集中展现各子系统的信息化数据，自动搜集和汇总各种信息化数据，通过分级管理，自动进行数据筛选，并实现数据穿透性查看，一目了然地了解施工现场的信息化应用内容；通过各类数据的动态分析呈现，将施工过程中的数据可视化，方便直观地了解工程建设中的安全、进度、质量信息，调整相应的工作计划及人力分配，有效提升工程现场人员的工作效率；利用大数据分析技术，深入挖掘数据价值，通过具体数据的分析预测，准确识别存在问题和管理风险，辅助管理人员开展工作，实现专业管理决策的智能化。

结合对重点对象的管理，开发大屏监控系统，建立远程综合管控中心，生成单个工程应用数据可视化界面及直观的二维图表与详细的现场视频、语音文件，通过 LED 大屏进行展示，以便值班监控人员及时发现施工现场的各类问题，为各层级管理人员提供多维度、可视化的统计报表和分析功能，为专业管理提供精准、可靠的数据支持，进一步加强对项目、施工队伍及人员的监管。同时，开发移动终端系统，实现输变电工程建设管理的移动化办公，提高各层级管理人员和施工作业人员的工作效率。

4.3　输变电工程项目智慧管理的应用门户

全过程“智慧基建”系统涵盖电脑端、移动端、大屏端不同终端，用户层级覆盖省公司、建设管理单位、参建单位、三个项目部、作业班组等。其应用门户的总体应用架构如图 4–4 和图 4–5 所示。

PC端应用						
	统一工作平台（PC）					
	进度管理应用	安全管理应用	质量管理应用	造价管理应用	技术管理应用	队伍管理应用
省公司建设部 市公司建设部	工程进度展示 三维进度计划模拟展现	安全智慧调度 安全可视化监控 安全月报	标准工艺管理 优质工程评选 质量知识库	工程定额标准 工程造价分析	技术应用分析	队伍标准 施工标准 供应商标准
建管单位 项目部（业主、监理、施工）	计划管理 进度三维可现化追踪 三维进度计划模拟展现 历史进度回放 进度分析 工期分析 进度查询	风险管理 风险动态评估 安全保障 设备监控 分级监控 现场人员监控 施工装备监控	质量管理计划 质量保障 质量知识库 质量评价 质量分析 质量跟踪 质量检查 质量处理	科研估算管理 初设概算管理 预算管理 方案评选 造价动态管控 竣工结算管理 工程决算管理 造价分析	设计创新 通用设计 通用设备 设计供应商 施工装备管理 机械化施工 新技术应用	承包商资估评价 建设队伍专业管理 队伍信息库 队伍分析 施工企业承载力 现场人员管理
作业班组						

图 4–4　全过程“智慧基建”系统 PC 端应用

	APP端应用				大屏应用
	统一工作平台（移动）				综合分析展现应用
	进度管理应用	安全管理应用	质量管理应用	队伍管理应用	
省公司建设部 市公司建设部	进度综合分析 延期工程统计分析 进度周报	安全综合分析 安全问题整改 安全问题类型分析	作业质量分析 施工队伍评价 质量问题类型分析	人员实时到岗人员统计 企业承载力分析 队伍结构分析	各专业指标分析 工程地图 风险分布图 指挥调度
建管单位	进度周报汇总 工期分析 延期工程统计分析	安全作业分析 安全作业周报 安全预警 安全问题整改	作业质量分析 施工队伍评价 质量整改情况分析	人员结构分析 人员考勤情况分析 人员实名制管理	
项目部（业主、监理、施工）	工期分析 进度作业采集 进度查看 工作日志	安全作业分析 作业票 安全作业 安全检查	作业质量分析 质检查改 实测实量 质量整改	队伍人员投入分析 企业承载力分析 人员识别 考勤 站立会 现场人员智能匹配	
作业班组	进度周报 工程阶段确认	到岗履职 作业申请	照片管理	人员位置信息	

图 4-5 全过程“智慧基建”系统移动端与大屏端应用

4.3.1 应用门户——电脑端

系统遵循“业务协同一体化”理念，通过“开放共享”集成架构，与总部数据纵向贯通，实现与发展、物资、财务、设备等业务部门数据横向集成，与施工、监理等参建单位数据共享，完成基建各层级管理纵向一条线与跨专业业务横向一条线的融合。电脑端平台管理界面如图 4-6 所示。首页平台展示“一横六纵”规定动作菜单，数据服务、物联感知个性化一级菜单；涵盖基建新闻、全省工程数量、线路长度和变电容量统计、人员统计、风险统计、评审完成情况、结算审查统计、工程投产分析等看板。

图 4-6　应用门户电脑端管理界面

4.3.2　应用门户——移动端

全过程“智慧基建”系统移动端主要集成进度、质量、安全、队伍职能管理为一体，包括省公司、建管、监理和施工总工多端应用，是传统审批管控与“互联网＋”相结合所衍生的产物，有效缩短和简化了审批的时间和流程，提高了人员的工作效率，并为部门监管及数据统计提供了有力的技术支持。移动端的平台管理界面如图 4-7 所示。

图 4–7　应用门户移动端管理界面

4.3.3　应用门户——大屏端

通过在工程现场部署的高清摄像头、交互式智能终端、数字化智能芯片等物联网智能终端实施现场信息采集，对工地数据、信息、图像、视频进行实时感知、传输，自动进行数据汇总分析、预警提醒等工作，实现现场视频监控，工程三维模型、关键指标、大数据决策分析展示等功能；自动搜集、汇总并集中展现各子系统信息化数据，通过分级管理，自动进行数据筛选，并能实现数据穿透性查看，一目了然地了解施工现场的信息化应用内容；利用大数据分析技术，深入挖掘数据价值，通过具体数据的分析预测，准确识别存在的问题和风险，辅助管理人员开展工作，实现专业管理决策的智能化；对于管理范围内的工程现场施工情况进行实时管控，异常事件预警统一指挥，多方协作统一调度，为管理人员及现场施工人员提供及时、丰富的事务提醒、信息推送和作业支持。大屏端的平台管理界面如图 4–8 所示。

图 4-8　应用门户大屏端应用

4.4　输变电工程项目智慧管理的关键技术

智能技术以及其他相关硬件设施，通过物联网技术实现对工地中人员实时状态、机械设备与物资使用情况等信息采集；通过视频监控技术实现工地影像资料获取；利用互联网、局域网实现数据传输；采用云平台技术进行管理平台搭建，实现对数据的存储与分析；利用人工智能的学习能力获取思考判断能力，进行工地智能控制。技术路径如图 4-9 所示。

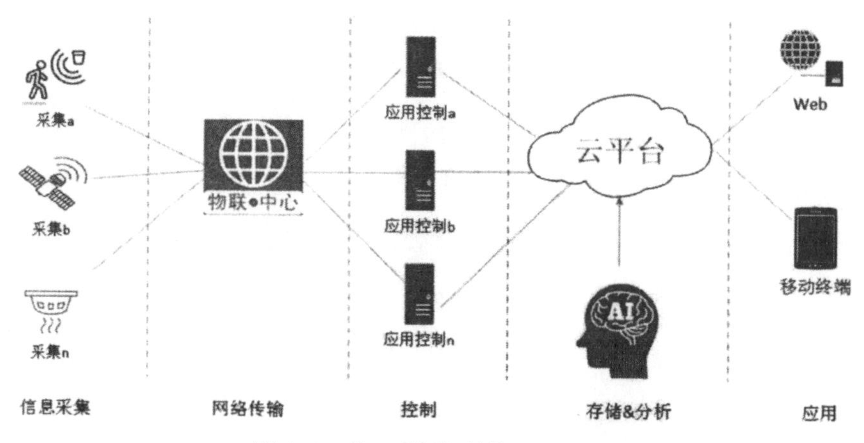

图 4-9　施工现场智慧管理技术路径

4.4.1 信息传输与处理技术

4.4.1.1 基于物联网的全面感知

（1）物联网技术概述

从技术角度理解，物联网是指物体通过智能传感装置采集的数据，与网络相连接，按照约定的协议，经过传输网络，到达指定的信息处理中心，最终实现物与物之间的互通互联，实现自动化信息交互与处理的智能网络。物联网的数据信息可通过计算机进行交换、分析、智能识别等，并进行相应任务的处理，其万物互联特性能够实现物与物的互相通信和协调。

（2）物联网技术在智慧管理中的应用

将物联网技术运用到工地管理中，能够突破传统工程管理模式的局限，通过各类传感器获取信息，通过网络将信息传送至管理平台，通过物联网技术更便捷准确地识别施工现场潜藏的安全隐患，并实现实时远程监管，帮助管理人员把握施工现场管理中的重点和难点问题。此外，物联网可在施工现场管理中运用信息化网络技术和传感器技术，对监控工地中的各项关键管理要素，如施工人员、工地物资、机械设备等进行实时监测，识别异常状态，辅助管理者及时做出相应部署。

4.4.1.2 基于云平台技术的数据处理

（1）云计算的特点

云平台中的“云”即指互联网与网络，其依托信息与网络技术，在数据处理的过程中具有强大的数据模拟和计算能力。云计算的特点如下。

①规模巨大：通常由上万台、几十万台服务器构成，规模非常巨大。

②虚拟化：用户不用关心具体的位置，通过任意位置、各种终端均可以获取服务，资源由系统统一分配。对用户来讲，所有请求的资源来源于云，而不是特定的服务器。

③可靠性高：云计算具有数据多副本容错、计算节点同构可互换等优点，保证数据和服务的高可靠性；

④通用性好：同一个云可以同时支撑不同的应用，而不是针对特定的应用。

⑤可扩展性高：云是由实体服务器、计算机、存储等设备整合而来的，并实现统一管理，这种模式扩容很方便，可以满足用户的增长需求。

⑥成本低廉：云单个节点成本很低，整合到资源池时运算能力、存储能力又很强，对于用户来讲只需关心自己想得到的服务即可，不需要对实体设备进行维护，从而节约了很多维护成本。资源池由专业人员集中自动化管理，本身又可以节约很多成本，从而能够为用户提供物美价廉的服务。

（2）云计算的分类

按照部署范围，云计算可以分为三类：公共云、私有云和混合云。

①私有云也称专属云，一般部署在企业或组织的内部，只为企业或组织内部提供服务，不对公众开放。私有云具有配置灵活，易于维护和管理的特点，同时具有很好的私密性。

②公共云是为有需求的组织、企业或个人提供服务，一般是由专门的云服务商提供服务，云服务商自己部署基础设施，用户只需通过自己的终端设备请求服务即可，用户一般要为服务支付一定的费用。

③混合云是把公共云和私有云结合到一起的一种模式，融合了公共云和私有云的优势。保密性、安全性要求较高的服务，一般部署在私有云上；对于通用业务，保密性不强而自己资源又不够用的服务，可以部署在公共云上。混合云部署方式可以有效缩短建设周期，节约建设成本，可以既满足安全性的要求，又能满足便利性要求。

（3）云服务模式

云服务有软件即服务（software as a service，SaaS）、平台即服务（platform as a service，PaaS）和基础设施即服务（infrastructure as a service，Iaas）三层。

① SaaS 层，该层为用户提供软件支持服务，用户可以根据自己的需要购买云空间部署的软件，用户不能对硬件进行管理，但可以选择提供服务的

操作系统，在有限范围内控制防火墙、负载均衡等网络设备。

② PaaS 层，该层为用户提供平台服务，用户可以将自己开发的代码和数据上传在云服务端，在其上调试自己的代码，而不用关心具体的硬件。

③ IaaS 层，该层为用户提供虚拟的硬件资源，用户可快速搭建自己的系统，用户只需为使用部分付费即可。

（4）云平台技术在智慧管理中的应用

智慧管理平台架设在阿里云平台，可实现智慧管理平台在网页 Web 端与移动终端的应用，利用云服务器的优越性与云计算强大的计算能力构建智慧管理平台，管理人员可随时随地利用电脑或者手机登录管理平台对工地信息进行实时掌握，为管理者提供项目整体状态信息，监控项目关键目标执行情况及预期情况，通过对大量数据的分析实现对工地管理的预测功能。

4.4.2 智能分析技术

4.4.2.1 人工智能技术体系

（1）人工智能技术概述

人工智能（artificial intelligence），概括而言就是机器通过学习与数据分析，对人类意识和思维的模拟。人工智能技术可用于自然语言处理、符号计算、机器翻译、逻辑推理与定理证明、机器学习、问题求解、模式识别、计算机视觉等多个领域。

机器学习作为一种重要的数据智能分析和挖掘技术，也来源于人工智能，其本质是一类算法的总称，赋予了计算机利用样本数据自主学习特定知识的能力，能够对大量的数据进行处理分析，挖掘数据隐含的规律，同时根据数据分析结果进行预测或分类，从而挖掘深度的数据价值。近年来，机器学习领域的实际应用和研究呈爆炸式增长趋势。机器学习在数据分析与挖掘、模式识别等领域得到了广泛的应用，其中，数据分析与挖掘技术是机器学习算法和数据存取技术的结合，利用机器学习在统计分析、知识发现方面的优势，实现对海量数据的分析处理；模式识别的应用也展示了巨大的应用潜力和应用价值，在计算机视觉、光学文字识别、自然语言处理、语音识别、手写识别、生物特征识别、搜索引擎等多个领域展开应用。

（2）人工智能技术在智慧管理中的应用

近年来，人工智能技术在众多领域得到了应用。随着人工智能技术的投入和发展，建筑业也将受到人工智能技术的影响。一方面，智慧管理中可利用人工智能的计算智能、感知智能、认知智能，通过图像识别技术自动识别工地管理中人员的不规范行为与工地安全隐患。另一方面，利用大数据与自我学习能力，可协助管理者解决复杂的数据分析问题，辅助管理者进行管理决策。人工智能技术的应用将大幅度降低劳动成本。

在智慧管理的应用场景下，机器学习可以对工程施工过程采集的大量数据进行处理、分析、学习，从数据中自动获取知识，用于各种决策支持。例如，利用视频监控系统收集施工现场的视频信号，机器学习算法可对视频信号进行处理，实现安全设置状态识别、危险行为识别、现场危险事件预测等。利用传感器的加速度信号，在利用数据对机器学习模型进行训练之后，机器学习可实现对工人行为的识别，为建筑工人的行为监控、施工安全、施工效率等方面的管理提供支持。

4.4.2.2　大数据技术

大数据已经对人们的日常生活产生了重大影响，也越来越受到许多行业领域的重视，数据已经成为重要的资源，谁掌握了数据谁就掌握了主动权。维基百科将大数据定义为：无法在一定时间范围内用常规软件工具进行捕捉、管理和处理的数据集合，即大数据已经超出传统数据库工具对内容进行抓取、管理和处理的能力范围。研究机构 Gartner 也指出，需要新的处理模式来管理大数据这一海量、高增长率和多样化的信息资产。大数据具有以下特点：

（1）数据量巨大

大数据规模一般在 1PB 以上，产生如此大的数据量的原因有二：一是各种传感器广泛使用，导致能够采集到的数据种类众多；二是人们联系密切，需要全时段、低间隔时间的通信方式，交流的数据量成几何级数增长。

（2）数据种类多

大数据包含的数据类型非常多，并呈现复杂的特点，除了常规的关系型数据，文档、视频、音频和网页等类型的数据包含了大量半结构化和非结构化数据，这些未经加工处理的数据会对大数据处理分析产生阻碍，必须对数据进行清洗、处理，才能够进一步作为分析对象进行大数据分析。

（3）流动速度快（Velocity）

现在是信息时代，数据更新变化特别快，有些信息必须在限定时间内得到应用，否则数据隐含的信息就会过时或失效。大数据特征是强调数据的快速动态变化并形成流式变化，高要求的实时处理能力也是区别大数据技术和传统数据仓库技术的关键之一。

（4）价值密度低

低价值密度是大数据的一个典型特征。这是因为海量的数据中虽然隐含着有效的信息，但随着数据量的继续增大，有效信息并没有明显增加，相反，对有效信息的提取会更加困难，必须利用大数据挖掘技术对价值密度较低的海量数据进行处理，进而提取数据中隐含的有效信息。

（5）结果准确性

大数据中隐含着具有时效性的信息，但也要在准确性和时效性之间取得良好的平衡，不能为了保证大规模数据处理的时效性而牺牲了处理结果的准确性。

4.4.3 3S 技术

3S 技术是遥感技术（remote sensing，RS）、地理信息系统（geography information systems，GIS）和全球定位系统（global positioning systems，GPS）的统称，是空间技术、传感器技术、卫星定位与导航技术和计算机技术、通信技术相结合，多学科高度集成的，对空间信息进行采集、处理、管理、分析、表达、传播和应用的现代信息技术（卢新海，黄善林，2014）。

RS 是在不直接接触有关目标物的情况下通过在高空或外层空间对来自地表各类物体反射或发射的电磁波信息进行扫描、摄影、传输和处理，进而实现对地球表层物体远距离控测和识别的现代综合技术。RS 技术可以进行信息处理、判读分析和野外实地验证，在资源勘探、动态监测和规划决策方面被广泛应用。

GIS 是一个能够实现地理信息管理的计算机软件系统，一般由计算机、地理信息系统软件、空间数据库、分析应用模型、图形用户界面及系统人员组成，能够对各类地理信息进行组合、分析、再组合、再分析，并通过显示设备对地理信息进行可视化展现，从而准确展现各类地理信息的特点，动态监测地理信息的变化。

GPS 是美国研发的新一代卫星导航与定位系统，具有海、陆、空全方位实时三维导航与定位能力。GPS 由空间星座、地面控制和用户设备三部分构成，能够将三维坐标和其他相关信息进行精确展现，具备全天候、高精度、自动化、高效益的优势，在民用交通（船舶、飞机、汽车等）、军事和导航等诸多领域具有广泛应用。

当前，3S 技术已经在多个领域展开成熟应用，具体到工程建设领域，在工程信息的调查与存储、建筑规划设计等方面也发挥了重要作用（刘莎，2019）。

3S 技术能够在智慧管理中进行信息的调查与存储，并辅助工程规划设计。其中，RS 技术通过对施工现场信息的动态电磁波探测，分析施工现场的有效特征和变化情况，生成有效的数据信息；GIS 技术通过对施工现场的地理信息数据进行采集、处理和分析，生成地理信息的数据档案，支持对各类信息的检索查阅，有效解决建筑规划及管理问题；GPS 技术能够将目标点的经纬高度进行准确测量，生成测量点位的详细记录和编号，为智慧管理的创建提供准确的位置信息数据。

随着3S技术的不断发展，3S一体化技术的应用前景更为广阔。以RS、GIS、GPS为基础，将RS、GIS、GPS三种独立技术中的有关部分有机集成起来，构成一个强大的技术体系，可实现对各种空间信息和环境信息的快速、机动、准确、可靠的收集、处理与更新。

4.5 输变电工程项目智慧管理的基础设备

输变电工程现场建设智慧管理将更多的智能传感技术等植入到工程、机械设施、人员穿戴设备等各类物体，形成广泛感知的互联网络，加强工程项目施工管理的智能化。而这离不开对基础设施和设备的配置，并对工地基础设备提出了技术要求，以实现信息采集、设备物联等功能。

根据当前智慧管理相关的设备应用（苏渊博，李霞，2017；张力，2017；王晓波，2017；幸进，李梦婕，方勇，等，2018；杨洋，华晔，何子东，等，2018；王要武，陶斌辉，2019），结合输变电工程项目智慧管理建设实际，笔者梳理了输变电工程项目智慧管理应用的基础设备。

4.5.1 信息感知设备

4.5.1.1 人员信息采集设备

人员信息采集设备包括高频/超高频射频卡和生物识别，可实现对施工人员、监管人员的信息采集及其资质信息的甄别。

如门禁与考勤设备，可用于施工现场的重要关口如施工场区出入口等处，主要包括人员闸机和车辆道闸。对无法显著设置出入口的施工场所，可利用移动考勤机进行出入考勤。

4.5.1.2 定位设备

定位设备按照定位原理的不同可以分为卫星定位、RFID定位、超宽带定位、Wi-Fi定位和光学定位等，一般根据不同的实际应用场景进行选择使用，主要应用于机械、人员等各类资源的定位，从而根据资源的分布，把握项目施工状况和资源配置情况等。

4.5.1.3　视频监控设备

视频监控设备根据类型不同，可分为固定式、便携式和单兵式设备，不同监控场景、监控需求，其应用类型也不同，一般而言，固定式监控设备适用于大范围的场区监控和出入口监控，便携式和单兵式监控设备多用于移动作业和局部作业监控。

4.5.1.4　标识与识别设备

标识与识别设备主要包括 RFID 识别标签和读卡器、二代身份证读卡器、资源标识的二维码以及各类生物识别设备如指纹识别仪和人脸识别监测设备等，主要用于对各类工程、物资、物料、设备等资源形成唯一的标识，从而进一步实现对各类资源的信息化、数字化管理。

4.5.1.5　特种设备监测设备

在工程建设施工过程中使用的特种设备主要有施工升降机、物料提升机、起重吊装等设备。对特种设备的监测设备主要包括工程测量设备和高危监测设备。工程测量设备主要用于工程建设，从事测距、测角、测高等方面工作，包括全站仪和水准仪、高级三维扫描测量仪等；高危监测设备主要用于对工程施工中具有较大安全风险的工程部位和特种设备进行重点监测，主要有深基坑监测、高大支模监测、塔吊监测、升降机监测以及电网工程施工中的组塔监测设备。

4.5.1.6　区域管理设备

区域管理设备包括电子围栏、临边防护器和边界管理器等，主要是在施工过程中辅助重点施工区域和危险孔洞临边区域的动态管理和防护。

4.5.1.7　绿色施工监测设备

绿色施工监测设备主要包括气象监测设备、施工污染源监测设备等，用于监测对工程施工具有环境要求的气象（如风力、气压、温度、湿度等）条件、施工过程中产生的粉尘扬尘、噪声等情况以及用水（生活用水、排污水）、用电情况等。

4.5.1.8　无人机

无人机主要用于辅助施工过程的远程监控，包括对作业人员数量、到岗到位情况以及关乎工程施工安全和质量的重要环节和关键作业进行可视化展现，从而进行远程监管，以及进行文明环保施工措施落实情况检查、现场高空特种作业监控和导地线展放过程监控等。

4.5.2　信息传输设备

信息传输是综合采用各类有线或无线通信技术，在信息感知的基础上对采集的数据进行传输，为后续数据的汇聚、存储、处理、分析等做准备，实现系统的“可通信”功能。信息传输需要考虑传输设备的有效性、可靠性和安全性。

4.5.2.1　DTU 数传终端

数据传输装置（data transfer unit，DTU），是专门用于将串口数据和 IP 数据进行相互转换并通过无线通信网络进行传输的无线终端设备，在实际应用中主要是以无线传输的方式将远端设备的数据传送回系统后台中心。单一的 DTU 无法进行数据传输工作，必须通过与后台软件的配合才能实现数据传输，完整的数据传输系统包括 DTU、客户设备、移动网络、后台中心。在前端，DTU 和客户设备通过 232 或者 485 接口相连。DTU 上电运行后先注册到移动的 GPRS 网络，然后和设置在 DTU 中的后台中心建立 SOCKET 连接。后台中心是 SOCKET 的服务端，DTU 是 SOCKET 的客户端。建立连接后，前端的设备和后台的中心可以通过 DTU 进行无线数据双向传输。

4.5.2.2　上网路由器

路由器也称为网关设备，是读取每个数据包中的地址后决定如何传送的专用智能性的网络设备。路由器最主要的功能可以理解为实现信息的传送，不同类型的网络传送来的数据包具有各自的目的地址，路由器主要起到网关的作用，可以按照不同的网络协议和选定的路由算法，对接收到的这些数据包的目的地址进行处理和分析（数据分组过滤、复用、加密、压缩和防护等），并按照最优线路发送至指定位置，从而将两个或多个网络相连通。

4.5.2.3　无线网桥

无线网桥，顾名思义，是无线网络的桥接，利用无线传输方式在两个或多个网络之间搭起通信的桥梁。根据通信机制的不同，无线网桥可分为电路型网桥和数据型网桥。

电路型网桥采用 PDH/SDH 微波传输原理，接口协议采用桥接原理实现，数据速率稳定，传输时延小。

数据型网桥采用 IP 传输机制，接口协议采用桥接原理，具有组网灵活、成本低廉的特征，适合于网络数据传输和低等级监控类图像传输，广泛应用于各种基于纯 IP 构架的数据网络解决方案。

无线网桥广泛应用于无线网络覆盖运营、企业或家庭无线宽带远距离传输和远程无线网络监控等，在光纤电缆敷设施工中，利用无线网桥建立局域无线基础设施，能够克服施工过程中条件受限的问题，并且具有传输距离远、网速快和稳定性强的优点。

4.5.2.4　LoRa

LoRa 是一种基于扩频技术的超远距离无线传输方案，属于低功耗广域网通信技术中的一种，能够以较低的发射功率实现更大的传输范围和更长的通信距离，并且具有多节点、低成本等特点。

LoRa 整体网络结构分为终端（可内置 LoRa 模块）、网关、网络服务和应用服务几个功能，一般 LoRa 终端和网关之间可以通过 LoRa 无线技术进行数据传输，网关和核心网或广域网之间的交互可以通过 TCP/IP 协议，或是有线连接的以太网实现，也可以是基于移动通信的无线连接。

LoRa 主要针对物联网中的安全双向通信、移动通信和静态位置识别服务等核心需求，并且能够以更简单的配置实现智能设备之间的无缝对接与操作，给物联网领域的用户、开发者和企业自由操作权限。LoRa 的网络架构是一个典型的星形拓扑结构，其中，LoRa 网关是一个透明传输的中继，连接终端设备和后端中央服务器。网关与服务器间通过标准 IP 连接，终端设备采用单跳与一个或多个网关通信。所有的节点与网关间均是双向通信，同时也支持云端升级等操作以减少云端通信时间。

4.5.2.5 NB-IoT

NB-IoT 是指窄带物联网（narrow band-internet of things, NB-IOT）技术。随着物联网技术的不断发展，万物互联被广泛提及，在现实应用中也已经有了大量物与物连接而实现的智能应用。区别于大多通过蓝牙、Wi-Fi 等短距离通信技术来承载的物物连接，NB-IoT 利用窄带 LTE 技术来承载 IoT 连接，能够满足不同物联网业务需求，是一种具有广泛应用潜力和巨大应用价值的新兴技术。NB-IoT 具有低功耗、低成本、强连接、广覆盖的特点。

（1）低功耗

低功耗特性是物联网应用的一项重要指标，也是 NB-IoT 的显著特点，聚焦于小数据量和小速率应用，NB-IoT 能够实现非常小的设备功耗，设备续航时间得到显著的提升。

（2）低成本

NB-IoT 成本低，一方面是由于其选取授权频段上的蜂窝网络技术从而不用重新建网，并且射频和天线也能够复用；另一方面是 NB-IoT 低功耗、低带宽和低速率的特性，使其芯片与模组成本相对更低。

（3）强连接

相同基站覆盖条件下，相比于现有的无线技术，NB-IoT 能够实现 50~100 倍的接入数。一个扇区能够支持 10 万个连接，支持低延时敏感度、低设备成本、低设备功耗和优化的网络架构。

（4）高覆盖

NB-IoT 拥有强大的室内覆盖能力，比宽带 LTE 等网络覆盖增强 20dB，相当于提升 100 倍的覆盖区域能力，在农村等广覆盖需求和厂区、井盖、地下车库等深度覆盖需求的应用中都能够适用，具有广泛的应用范围。

目前，NB-IoT 技术在智能楼宇、公共事业、物流仓储、农业环境、智慧城市、制造行业、医疗健康等行业均具有非常广泛的应用。

4.5.3　数据储存设备

4.5.3.1　磁盘阵列

磁盘阵列（redundant array of Independent disk，RAID）技术是加州大学伯克利分校 1987 年提出的，最初是为了将廉价的磁盘进行组合来代替昂贵的磁盘，同时希望磁盘失效时不会使对数据的访问受损而开发的数据保护技术。RAID 是一种由多块廉价磁盘构成的冗余阵列，在操作系统下作为一个独立的大型存储设备出现。RAID 能够增大硬盘容量，在阵列控制器的控制和管理下，实现快速、并行或交叉存取，提升硬盘速度和容错功能并保证数据的安全性，充分发挥多块硬盘的优势，并且其中任意一块硬盘损坏并不影响 RAID 的正常运行。

磁盘阵列的磁盘组合有三种形式，包括外接式、内接式和利用软件仿真的方式。

（1）外接式磁盘阵列多应用于一些较大的服务器，具有可热交换的特性，但价格较高。

（2）内接式磁盘阵列价格较低，并且能够做到数据自动恢复、高速缓冲，为用户们提供许多可靠性、可用性较高的解决方案。

（3）利用软件仿真是指通过网络操作系统自身提供的磁盘管理功能，将连接的普通 SCSI 卡上的多块硬盘配置成逻辑盘，组成阵列。软件阵列能够提供数据冗余功能，但也降低了磁盘子系统的性能，降低机器运行速度，一般不用于具有较大数据流量的服务器。

4.5.3.2 云平台虚拟硬盘

云存储是在云计算概念上延伸和发展出来的一个新概念，是指通过集群应用、网络技术或分布式文件系统等功能，将网络中大量各种不同类型的存储设备通过应用软件集合起来协同工作，共同对外提供数据存储和业务访问功能的一个系统。

当云计算系统中配置大量的存储设备以完成海量数据的存储和管理时，云计算系统就转变成了一个云存储系统，因此云存储是一个以数据存储和管理为核心的云计算系统。类似于广域网和互联网，云存储对用户而言并不是指某一个具体的设备，而是由大量存储设备和服务器所构成的集合体。用户使用云存储是使用云存储系统提供的数据访问服务，而不是使用某个具体的存储设备。因此严格来讲，云存储不是设备，而是一种服务。

4.5.3.3 监控级硬盘

监控级硬盘设计连续工作时间为 7×24 小时（每天工作 24 小时，每周工作 7 天），相比普通硬盘具有更高的稳定性和可靠性，能同时提供十几条音视频流，具有非常强的连续读取性能，但也牺牲了数据纠错功能，因此，使用范围限制在 DVR、PVR 等特定的领域。与普通硬盘相比，监控级硬盘具有许多优点：更低的故障率、更长的使用寿命、更低的启动电流和功耗以及更好的稳定性。

4.5.4 分析运算设备

4.5.4.1 嵌入式处理器

嵌入式处理器是为完成特殊的应用而设计的处理器，是嵌入式系统的核心，主要是控制、辅助系统运行，使宿主设备功能智能化、灵活设计和操作简便。通常嵌入式处理器具有以下特点：很强的实时多任务支持能力，存储区保护功能，可扩展的微处理器结构，较强的中断处理能力，较低的功耗。

嵌入式处理器分为嵌入式微控制器、嵌入式 DSP 处理器、嵌入式片上系统和嵌入式微处理器。嵌入式微控制器（microcontroller unit, MCU）因其丰富的片上外设资源非常适合于控制而得名，是当前嵌入式系统工业的主流，其典型代表是单片机，集成了各种必要功能和外设，这种 8 位的电子器件目前在嵌入式设备中有着极其广泛的应用；嵌入式 DSP 处理器（embedded digital signal processor, EDSP）在系统结构和指令算法方面均有特殊的设计，专门用于信号处理，在数字滤波、谱分析、FFT 等设备仪器上都具有广泛应用；嵌入式片上系统（system on chip, SOC）可分为通用和专用两类，通用系列较为常见，专用 SOC 主要用于某个或某类系统中，不为一般用户所知。嵌入式微处理器（micro processor unit, MPU）由通用计算机中的 CPU 演变而来，但仅保留了与嵌入式应用有关的母板功能，以此来大幅度减小系统体积和功耗，MPU 是嵌入式系统的核心部件，是决定嵌入式系统功能强弱的主要因素，也决定了嵌入式系统的应用范围和开发复杂度。

ARM 微处理器，是一种 RISC 架构下嵌入式系统的核心部件，被广泛地应用于工业控制、无线通信、消费类电子产品等很多领域。到目前为止，ARM 微处理器及技术的应用已经深入各个领域。

4.5.4.2　云计算平台

美国国家标准与技术研究院将云计算定义为：一种按使用量付费的模式，这种模式是可用的、便捷的、按需的网络访问，进入可配置的计算机资源共享池（资源包括网络、服务器、存储、应用软件、服务），这些资源能够被快速提供，只需要投入很少的管理工作，或与服务供应商进行很少的交互。

云计算有狭义云计算和广义云计算之分：狭义云计算是指 IT 基础设施的交付和使用模式，在这种模式中，通过网络以按需、易扩展的方式获取所需的资源。广义云计算指服务的交付和使用模式，在这种模式中，通过网络以按需、易扩展的方式获得所需的服务，包括 IT 和软件、互联网相关的服务，也包括其他服务。简单而言，就是对大量用网络连接起来的计算资源进行统一管理和调度，构成一个计算资源池，向用户提供按需的服务。提供资源的网络被称为“云”，通过这种有偿的“云”服务，可以随时获取所需的资源。

云计算服务的商务模式一般有三种：基础设施即服务（infrastructure as a service，IaaS）、平台即服务（platform as a service，PaaS）、软件即服务（software as a service，SaaS）。可以看到，云计算平台就是将任何开发者都可能需要的软件集成到一个平台上，开发者只需登入这个平台，就可以选择自己所需要的软件、数据库、开发环境等，不必耗费本地内存和资源，并具有更高的安全性。

云计算平台有三大优势：便捷高效、节约成本、安全可靠。

（1）便捷高效

云计算平台部署在云服务器上，用户在使用时只需通过终端连接上云服务器就可开始工作，摆脱了时间、地域的限制，解决了部门跨地域合作的问题，这对于部门分散的企业来讲是效率上的极大提升。

（2）节约成本

相比传统服务器需要进行部署、维护，选择云计算平台，无须进行部署工作，平台提供用户所需的所有软件，维护等工作也由服务商承担。对于新兴的创业公司来讲，这样的选择可以让他们将成本更多地投放在核心业务上。

（3）安全可靠

云服务商通常会为用户提供备份服务，这样即使用户在云计算平台的数据因为意外丢失或者出现问题，也可以通过备份来快速恢复，避免损失。除此之外，云服务商提供的防火墙、高防 IP 等服务，也为用户的数据加上多重保险。

4.5.5 智能机械设备

4.5.5.1 AVG 搬运机器人

AGV（automated guided vehicle）搬运机器人是通过特殊的地标导航（如常见的磁条引导和激光引导方式以及较先进的超高频 RFID 引导方式）自动

将物品运输至指定地点的一类运输机器人。不同的引导方式在成本、精度、站点布局等方面具有不同的效果。相比而言，磁条引导方式较为常见且成本较低，但在站点布局等方面有限制；激光引导方式具有相对更高的成本和场地要求；RFID 的引导方式相比磁条、激光引导方式，具有精度高、站点布局便捷、适应性强、安全性和稳定性高等优点，且成本适中。

AGV 搬运机器人的诸多优点使得其在物流行业如无人仓库的自动物流搬转运具有较广泛的应用。AGV 搬运机器人由电力驱动，一般由计算机、电控设备、激光反射板等控制，事先设置电量阈值，电量不足时能够自动发送充电的请求指令，并自动在系统的规划下至指定的充电区域“排队”充电，具备较高的自动化程度，满足无人仓库的运作要求；明确的引导路径和传感机械防撞等智能化性能降低了故障率，具有较好的安全性和易维护的优点。

4.5.5.2　扫地机器人

扫地机器人是智能家用电器的一种，能凭借一定的人工智能，在房间内自动完成地板清理工作。一般采用刷扫和真空方式，将地面杂物吸纳进自身的垃圾收纳盒，从而完成地面清理的功能。

不同的扫地机器人具有不同的清洁方式，主要包括单吸口式、中刷对夹式和升降 V 刷清扫式。单吸口式，顾名思义，只有一个吸入口，设计相对简单，对地面浮尘具有良好的清扫效果；中刷对夹式通过胶刷和毛刷的配合清扫垃圾，对大颗粒物具有较好的清洁效果，但对地面微粒浮尘等处理效果较差；升降 V 刷清扫式采用可自动升降的 V 形刷，在三角区域形成真空负压进行清扫，具有较好的地面静电吸附微尘清洁能力。

另外，扫地机器人一般具有红外线传感和超声波仿生两种侦测系统。红外线传感采用红外线反射的侦测原理，具有较远的传输反射距离，但对浅色或深色物品存在无法反射的情况，具有一定的使用场景限制；超声波仿生技术侦测利用超声波原理侦测周围物体的空间位置，具有较高的灵敏度，但其成本相对更高。

4.5.5.3 类人型机器人

类人型机器人是外观和功能与人相似度极高的智能机器人，主要依靠微型处理器，以及安装在身体各个部位的各类传感器和动力装置，来实现与人类似的功能和动作等。例如，利用光学传感器模拟人的眼睛，识别并区分事物的形状、大小和颜色；利用声音传感器，捕捉周围的各种声音；利用触碰传感器，使机器人具有接触反应

除了具有形似人类身体结构的整体设计，还可以通过配备更先进的传感装置，使类人型机器人具备更高仿真度的类人运动机理，包括类似人体行走的摇臂平衡、关节运动、软组织减震等步态仿真，也包括基于速度和陀螺传感器所实现的前进速度感知和良好的平衡保持，同时，也可具有语音识别、人脸识别、AI 语音交流等智能化功能和更优异的机械性能。

类人型机器人可应用于某些特定的作业场景，如对电力线路进行巡检时，除目前的无人机外，还可配合具备专门登高爬塔能力的机器人。

第5章　输变电工程项目智慧管理的典型应用功能

2020年，国网总部基建部先后下发《关于印发基建全过程综合数字化管理平台建设2020年实施方案的通知》和《关于基建全过程综合数字化管理平台试点成果推广实施工作指导意见》，要求各省公司运用互联网思维，以开放式架构为基础，遵循分层建设、数据贯通，打造以基建项目全过程管理为主线，涵盖基建计划、技术、技经、安全、质量、队伍六大专业职能管理，具备基建工程状态全面感知、数据高效处理、信息协同共享、价值深度挖掘的基建全过程平台。

根据国网下发的基建全过程平台的建设要求，国网浙江电力建设分公司按照“统筹建设、开放共享、创新协同、利旧纳新、安全可控”的思路开展系统的建设工作，依托“浙电企业云平台”，结合国网浙江电力多年来在信息化建设领域积累的经验，建设标准统一、数据贯通、充分利旧、开放共享的基建全过程智慧基建系统，遵循“互联网+”理念，将“大、云、物、移、智”等信息技术与基建工程管理深化融合应用，实现工程信息自动采集、智能分析和多维展现，同时通过PC、手机、大屏等多种形式进行整合应用，支撑信息采集自动化、工程建设数字化、管理决策智能化、业务协同一体化目标的落地实现（方靖宇，周峥栋，徐斌，等，2019）。

全过程智慧基建系统旨在打造多个现场智慧管理应用模块和综合监控指挥中心，以满足输变电工程建设现场管理和远程监管两个层次的应用需求。

针对远程监管层次，综合监控指挥中心将工程现场管理层的各类数据应用互联贯通，通过工程现场的边缘代理，汇集人员工作履历、工程经验、考勤纪律、施工质量、工器具使用、作业票、作业内容、现场视频监控、工程进度等多维度综合信息，形成永临结合、互为补充的全方位远程监控体系，实现项目施工现场管理的规范化、标准化、可视化与智能化（廖玉龙，崔鹏程，徐斌，等，2020）。本章以国网浙江电力的全过程综合数字化管理平台为例，针对现场管理层次的应用需求，结合甬港500千伏变电站新建工程的应用实践，介绍输变电工程现场建设智慧管理的典型应用功能模块。

5.1 工程进度智慧管理

输变电工程投运需与停电时间配合，因此保证其按进度计划投运尤为重要。工程进度目标往往受人、材、机等因素影响，需要工程管理者在执行进度计划过程中，不断将实际进度与计划进度做对比，及时发现偏差并采取对应纠偏措施。

工程进度智慧管理模块（见图5–1），通过对里程碑计划、一级进度计划、二级进度计划等进行细化编制和监控，与各业务资源衔接协作，保证计划编制的合理性。采用手动填报、移动端上传及业务自动提取等多途径填报方式，汇总工程建设各类数据和信息，分析进度及资源使用情况，自动生成工程进度报告，保证工程项目过程可控，实现对进度全过程跟踪监控。通过辨识实际进度与计划进度、实际资源与计划资源差异，提前发出风险预警信号，辅助管理人员及时优化资源配置，确保项目进度管控目标的实现（徐斌，姜维杰，廖玉龙，等，2021）。

根据导入的项目信息，获取各项目进度节点横道图及项目关键路径，生成项目关键路径网络图。依照工程项目管理关键路径法，在发现影响到项目关键路径的进度延迟现象时，如果该延迟未改变关键路径，对关键路径后续节点给出优化建议；如果该延迟导致关键路径发生了变化，则对当前或其他进度路径给出优化建议。给出的优化建议结合工程关键路径网络图形成数据报告，给进度管控人员提供辅助建议，可由管控人员编辑修改后提交审核，审核通过后可发布至平台展示，正式生效。

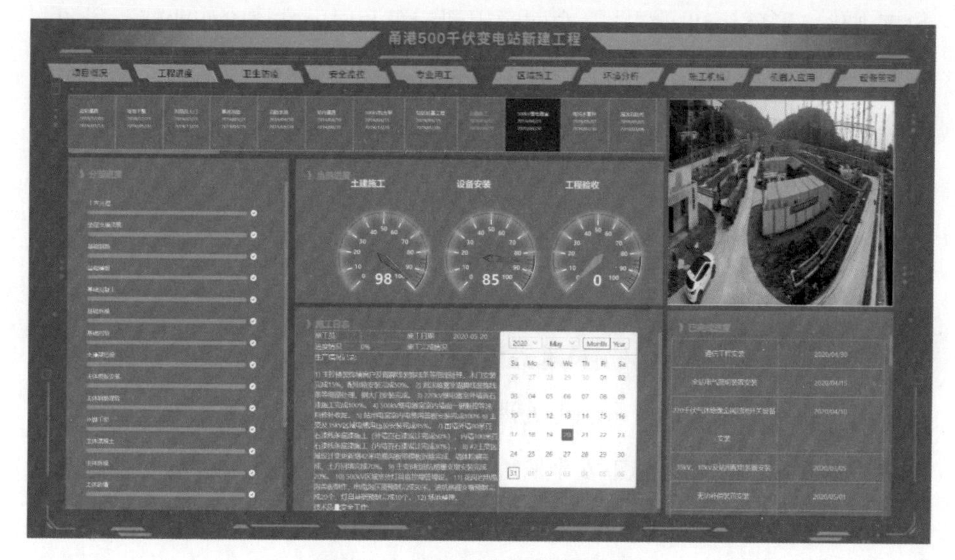

图 5-1　工程进度智慧管理界面

工程进度管理系统还可以结合项目所在地大气候历史数据对雷雨、台风、持续高温等极端气候进行提前预警，尽可能减少或避免天气因素对工程进度的影响；通过利用无人机定期定点地拍摄变电、线路所在照片，结合上报的进度数据，对比分析出工程进度状态，根据进度状态提出合理性建议，辅助工程进度督查，全面提升工程进度管理水平。

5.2　安全监控智慧管理

随着电网工程建设范围的逐渐扩大，电网工程存在建设面积大、分布广、施工战线较长等问题，加上自然条件苛刻、日常监管工作困难、专业的监督管理人员人手不足等，增加了电网工程施工现场的安全管控难度。近年来，基于智能、可视化监管的远程管控模式在加强施工现场管理、提高安全监管水平和管理效率方面发挥了重要作用（姜维杰，林立波，崔鹏程，等，

2020；徐斌，周峥栋，姜维杰，等，2020）。

安全监控智慧管理（见图 5-2）根据施工现场的不同管理场景和实际监控管理需求，引入固定式、便携式和单兵式等视频监控设备，实现工程现场的直观化、形象化和可视化，全面运用到三级及以上高风险作业施工现场，在后台监控中心对施工现场安全情况实现远程视频监控，对重点部位、关键环节进行现场监控，提高现场施工科学管理水平，杜绝各种违规操作和不文明施工行为，有效解决施工高峰期交叉作业多、施工范围广、安监部门不能面面俱到的难题。

同时，随着接入视频的工程数量增多，管理人员无法兼顾所有工程的施工情况，利用视频智能识别技术等信息化手段对违章情况进行自动抓拍告警，可加快对工程现场安全隐患处理的速度，实现对工程施工安全的智能化监管，落实输变电工程施工安全监管责任，提高对工程现场的远程监管水平（Gattiker, Goodhue, 2005）。

图 5-2　安全监控智慧管理界面

5.2.1　视频实时监控

通过视频监控实现对工程现场全方位无盲区监控，实现作业现场全过程监控、作业风险全方位分析、作业人员全覆盖管理。对于变电站，以球机、枪机、鹰眼为主（见图 5-3），辅以重点工作区域的移动式布控球等设备，充分利用多媒体视频和网络技术优势，构建起施工现场的视频监控网络，实现对分散施工工地的远程统一监管。根据各个施工现场需要随时进行沟通，减少依靠人力的现场监管，降低人力成本；对于关键施工环节和重要施工作业，加强管理监督，远程实时可视化掌握施工作业的动态和进度，对关键的安全防范措施进行实时及时密切监管；监管工地现场的材料和设备的财产安全，避免物品的丢失或失窃给企业造成损失。

图 5-3　智能全景摄像头及枪机摄像头

5.2.2　安全风险可视化管理

建立施工风险作业视频监控平台，与风险一本账同步读取工程风险作业信息，包括工程基本信息、风险作业内容、风险作业时间、风险作业位置等信息。通过“一发多收”方式，对三级及以上风险作业进行实时视频监控，实现各级单位对施工现场风险管控措施落实情况、人员到岗到位情况的实时、可视化管理，实现对风险作业的精准管控，进一步防止风险管理失控，确保基建施工安全。

5.2.3 AR 实景功能

视频监控所能监控到的范围有限，为掌握变电工程现场整体情况，在制高点设置一台鹰眼摄像机，实现全局掌控施工区域的需求。通过该系统，实现重点区域宏观呈现，实时查看区域内工程整体施工状况，一旦出现异常，指挥中心可及时发现并开展联动指挥。

同时，鹰眼摄像头具备 AR（augmented reality，虚拟现实）实景功能，利用 AR 鹰眼、AR 高空云台等设备，将各监控前端采集的信息汇集，建立综合联网联控图像资源库和图像监控综合应用系统，形成以云图 AR 为神经中枢的一体化综合信息应用体系，包括 AR 全景视频展现、AR 全景视频联动联控、AR 标签分类、AR 标签灵活标注等功能。借助 AR 标签可以清晰地展示区域中包含的管理元素，并联动球机视频查看，在视频信息上可以实现高点掌握整体、低点查看细节，在数据信息上可以实现多源数据的聚合呈现、业务系统的集成调用，构建起施工现场实景与项目管理信息一体融合的可视化、立体化企业生产指挥系统，打造出视频实景地图效果，以直观、便捷的实景体验方式解决施工项目中人、材、机、工、法、环等多种应用场景下的信息融合与协同问题（见图 5-4）。

图 5-4 施工现场 AR 实景界面

5.2.4　AI 视频智能识别管理

AI 智能视频分析模块是依托现场边缘接入设备和出色的视频技术，面向监控设备提供统一开放的视频流接入、处理和分发服务，同时与智能视觉、视频计算系统、机器学习平台能力集成，快速构建利用计算机视觉和视频分析的应用程序。

通过安装在建筑施工作业现场的各类监控装置，构建智能监控和防范体系，以智能识别代替人工监管，减少管理人员工作量，对现场典型违章情况进行自动抓拍告警，并及时发送给管理人员，有效弥补传统方法和技术在监管中的缺陷，加快对工程现场安全隐患处理的速度，进一步落实安全监管责任，提高对工程现场的远程管理水平，实现对输变电工程施工安全生产进行“智能化”监管。

5.2.4.1　安全火灾监测

基于计算机图像视觉分析技术，配合现场摄像头，实时检测目标区域内的明火情况，定位明火发生区域，并及时告警。

5.2.4.2　未戴安全帽监测

采用基于视频流数据的安全帽识别方法，突破单一的检测手段，结合活动目标检测、人体目标匹配、头部定位、安全帽颜色及轮廓比对技术，大大提高安全帽的识别率，实现对施工现场作业人员安全帽佩戴状况的自动识别检测，防止未佩戴安全帽的人员进入施工区域，替代人工巡视督导的传统模式，节省人力，并辅助各级施工区安全监管单位进行施工区智能化监管，提高施工区安全监管信息化水平（见图 5-5）。

图 5-5　施工安全帽佩戴智能检测

5.2.4.3　安全马甲识别

现场摄像头接入边缘算法设备，通过反光背心算法，对现场人员反光背心穿戴颜色进行识别，同时结合现场风险作业到岗到位要求，分析该作业下缺岗情况，提高现场安全作业程度。

视频智能识别基于 AI 深度学习技术，实现了从人眼识别违章到机器自主识别违章、从传统的安全管理模式向智能化管理模式的转变。其以现场部署的视频监控设备为基础，应用先进的人工智能技术，实时分析现场视频（见图 5-6），实现自动识别违章、自动告警违章、自动生成日志、自动分类记录等功能，目前已可对未佩戴安全帽、区域入侵、越界侦测、明火识别、吸游烟等违章或危险行为进行告警和提醒，有效减少安全违章问题的发生，保障现场施工安全，增强对现场人员的威慑力，变被动“监督”为主动“监控”，真正做到事前预警，事中常态检测，事后规范管理。

图 5-6　AI 智能视频分析展示

5.2.5　智能安全帽监测

智能安全帽监测指采用高速处理器，集高清视频、音频、北斗 /GPS 双模定位、红外传感器、陀螺仪、NB-lOT 通信、一键 SOS 等核心功能于安全帽内，实现对工程现场的远程可视化指挥，提高现场工作效率，提升智能化管理水平（徐斌，姜维杰，方靖宇，等，2019）。主要可用于以下场景。

5.2.5.1　作业区域监测告警

通过与施工作业票管理的联动，对进入作业区域已绑定安全帽的人员进行自动识别，获取施工作业票中的作业区域信息。在作业票执行期间，若检测到施工作业人员活动轨迹超出作业票对应施工范围时，通过可穿戴设备进行告警提示。若施工人员没有及时返回施工范围，或监测到闯入限定范围区域的违规人员，则将告警记录保存到数据库形成报表，同时将告警信息推送至相关管理人员，实现对作业区域人员离场及违规闯入的智能管控。

5.2.5.2　关键人员到岗到位管控

与施工作业票管理进行联动，针对三级风险，通过可穿戴设备对作业票指定关键人员（安全监理与施工安全员同时在场）进行识别，若关键负责人现场活动轨迹超出预设阈值或其中一人不在现场，则对指定关键人员进行告警并将告警记录保存到数据库形成报表，同时将告警信息推送至相关管理人员。针对四级风险，通过可穿戴设备对作业票指定关键人员（业主、施工安全员、安监员、施工单位安全员、监理单位安全员）进行识别。若关键负责人现场活动轨迹超出预设阈值或其中一人不在现场，则对指定关键人员进行告警并将告警记录保存到数据库形成报表，同时将告警信息推送至相关管理人员。

5.2.5.3　脱帽跌落告警

实现对特殊作业人员脱帽或跌落行为形态进行有效监测，利用一键 SOS 应急救助按钮，提升救援效率，保障工作人员生命安全。

5.2.5.4　一键 SOS 应急救助

在发生应急突发事件时，例如线路施工人员遇到紧急情况需要救援时，可通过智能穿戴设备 SOS 应急功能发出救助信息，并将当前杆塔和定位位置信息推送至指定范围内的其他施工人员和现场相关管理人员，提升救援搜寻效率。

在远程督导方面，基于安全帽 NB-lOT 通信和高清视频模块，利用一键对讲功能，实现对工程现场的可视化指挥，全面掌握作业过程。

在人员管理方面，基于安全帽北斗 /GPS 双模定位模块，实现对关键人员动态分布的实时查看、作业区域离场告警、违规区域闯入告警以及关键人员到岗到位自动考勤，实现无纸化管理。

在安全检查方面，基于安全帽陀螺仪模块，实现对特殊作业人员脱帽或跌落行为形态的有效监测，利用一键 SOS 应急救助按钮，提升救援效率，保障工作人员生命安全。

在数据应用方面，利用物联网、空间定位、移动通信、云计算、大数据等技术，为基建工程的建设管理提供定位、感知、预警和音视频通信等功能，进而解决安全生产现场作业过程中的问题，实现“感知、分析、服务、指挥、监管”五位一体，为打造“互联网＋”时代的智慧管理、精细管理、过程结果并重的安全生产管理新模式创造有利的条件。

安全监控智慧管理应用具有开放的体系架构、强大的系统兼容性及扩展功能，能够兼容市面上几乎所有主流品牌的安防产品，新出现的安防产品能够通过标准协议快速集成，并通过统一管理平台，以更灵活、人性化的方式管理各类设备，提供人性化的操作体验。结合施工现场实时监控，将各类功能进行整合与集成，实现多种算法的广泛拓展和延伸，真正做到监控管理平台对异常事件、异常人员的全方位布控。

5.3　专业用工智慧管理

现场人员管理是工程现场管理最重要的内容。输变电工程项目用工种类多、数量大并且工人流动性强（周峥栋，姜维杰，崔程鹏，等，2020）。目前基建管控系统已经初步实现了对现场人员进行信息初始化、进出场记录等基本功能，但其人员管理功能单一，人员在场情况展示不直观，考勤管理统计不便捷，无法达到精细化管理要求。

专业用工智慧管理是对项目参建人员（业主项目部、监理项目、施工项目部、作业层班组）、参建单位（建管单位、施工单位、设计单位、监理单位）管理人员、临时人员（厂家、运检等）的身份、行为的全方位管控，通过数据采集、建立云端数据库、自动识别与大数据分析，现场人员管理系统和移动 App 自动采集人员进出场考勤记录，实现对人员信息综合查询、人员到岗到位、人员考勤管理等功能，便于各层级管理人员及时掌握现场作业人员整体应用情况，加强现场人员的安全管理及实时管控，改进和完善施工现场安全监管水平，有效避免事故发生。

5.3.1　人员智能信息库

工地所有人员进行实名制登记管理，包括工程信息及项目部参建人员姓名、身份证号、联系方式等基本信息，通过照片导入或者现场采集相应人员的人脸信息，建立人员信息库。系统支持多维度人员信息查询，包括项目经理、总监、安监员等关键人员任职资格，项目部关键人员缺失，人员超龄等情况。基于计算机图像视觉分析技术，对视频图像中的人脸进行实时检测，提取面部特征，并比对计算两张人脸的相似度，输出对应人员，同时可设置人员白名单，对未在白名单上的人员进行告警，保障现场人员进出安全。与现场闸机、AI智能摄像头、智能安全帽等设备联动，采集人员违章情况、轨迹时间、考勤情况、累计在场时长等字段（见图5-7）。

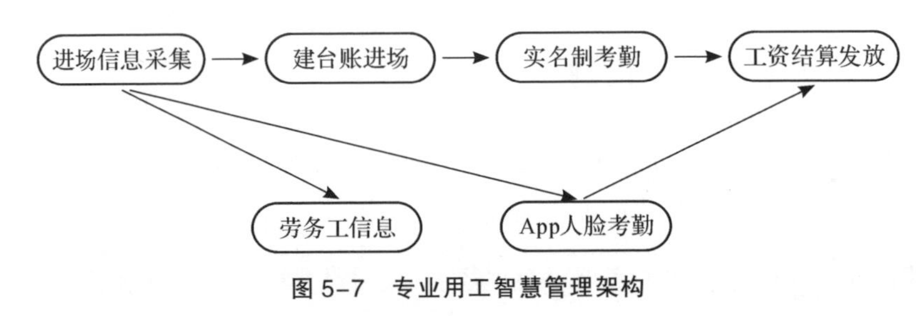

图5-7 专业用工智慧管理架构

5.3.2 人员考勤管理

在变电站配备人员闸机，支持刷卡和人脸识别考勤，支持参建人员上下班时间和刷卡次数设置，同时与施工作业票联动，这样既对人员考勤进行了统计，又能对关键人员缺岗情况进行主动预警，实现现场管理人员到岗到位监督、施工人员出勤智能管理及合格施工人员身份智能核实，同时对非项目人员违规闯入进行实时监测报警。

支持考勤记录按时间、项目部、工种等多维度查询、统计、导出，协助项目管理人员及时了解工地的用工情况，提前对工人进行合理的配置。与进度计划结合，自动统计每个项目阶段所涉及的班组工种、工日、工时等相关数据，为用工需求自动提醒做好数据积累。

5.3.3 到岗到位管理

到岗到位管理全方位掌握施工人员的作业轨迹和实时位置跟踪等，通过与施工作业票的关联，保证施工人员的“人票、人证、人域”一致，对现场作业人员到岗到位情况和施工管理人员的履职状况实施有效管控，并能根据人员定位信息统计在场时长，自动与考勤记录对比校验，提高安全生产的主动防护水平，为工地安全生产保驾护航。

5.3.4　人员轨迹查询

利用安全帽（见图 5–8）中的定位模块，实现实时精确定位，精准查询施工作业人员的动态和每项工程的分布，自动记录工作人员的活动状态和作业轨迹，支持跟踪特定区域内的路径、位置，显示出入特定区域的时间数据和滞留时间，辅助监控和管理，支持工作考核和岗位监管工作；通过系统内的数据分析功能，全面直观地掌握项目参与人数、人员动态分布、项目计划标准进展的信息，并实时显示包括现场的施工人员类型、各个项目人员的参与情况、不同类型人员的分布等统计数据，支撑对项目人员的合理配置和调度指挥。

图 5–8　智能安全帽

5.3.5　用工趋势分析

通过历史数据积累，结合工程建设实际情况，预设专业施工作业工序流程及人员安排等信息，同时进行动态优化，对工程建设不同区域、不同作业面用工需求做出预判，与当前施工人员考勤情况进行比对分析，提醒管理人员增减人员投入，确保工程按期施工，有效避免人员窝工及作业面人员短缺等问题（见图 5–9）。

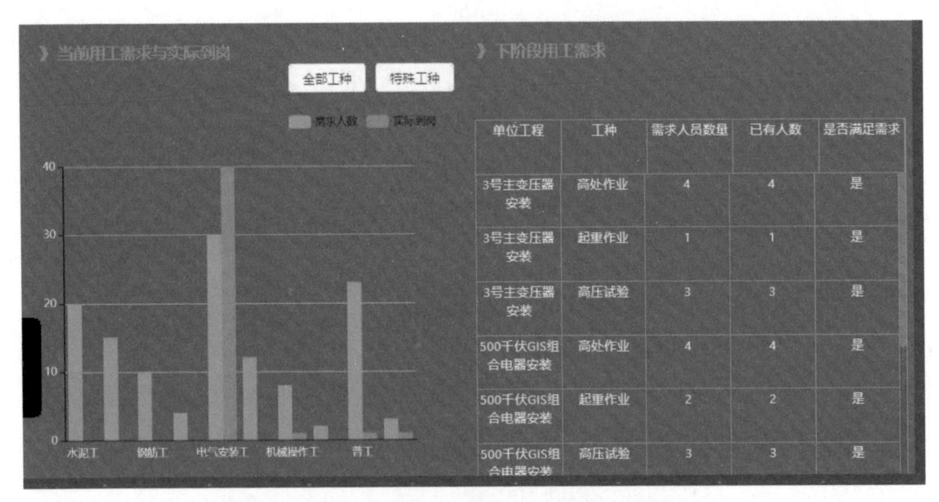

图 5-9　专业用工智慧管理用工趋势分析界面

5.3.6　类人型智能机器人

类人型智能机器人集成了红外、声纳、人体、雷达等多种类型的传感器，用以感知环境并通过强大的算法对各种维度的信息进行综合处理，从而像人一样感知内外部世界（见图 5-10）。在施工现场，机器人作为安全卫士，时刻提醒施工人员注意安全，并将实时画面传输至智慧管理系统平台，既节约了人力，又提高了监管效率。

图 5-10　机器人交底及安全旁站

机器人还可应用于每日交底，通过人脸识别确认全体人员基本信息后，即可向施工人员介绍本日作业内容、风险点及控制措施等内容，同时与大屏联动，让每个施工人员都能清晰明了地掌握今日作业票的内容。

类人型智能机器人也是完备的人工智能硬件平台，通过丰富的物联传感体系、敏捷的插拔接口、自然的语音交互、自主避障行走等功能模块，能更好地服务电力工程建设。

5.3.7　高风险施工人员生命体征实时监测

当前，生命体征监测存在手工方式易出错、差异化测量易疏漏和数据共享难度大等问题（林立波，徐斌，方靖宇，等，2020）。在施工作业过程中，借助便携佩戴式生命体征监测设备，可实现对特定施工人员（如高空风险作业等）的心率、血压和血氧等生命体征数据的实时监测（见图 5-11），依据各类作业条件下的生命体征曲线，通过设置体征数据标准和预警阈值，对检测到的异常工人体征信息发出预警，并即时自动通告相关责任人，以便及时做出预防措施，缩短响应时间，降低意外发生概率，避免危及作业人员生命安全的风险隐患，切实保证施工安全。

图 5-11　高风险施工人员生命体征实时监测

5.4 区域施工智慧管理

在变电站项目施工过程中，作业人员和大型机械设备众多，危险区域和危险因素多变，现场情况复杂，工程施工的传统管理方式需要指派专人跟踪记录各类信息，人力成本高、效率低下且成效较小，对机械设施的损害和施工人员的安全隐患难以进行有效监测；加强电力基建工程中工程工艺质量检测，提升输电线路施工的规范性和检测水平的提升具有重要现实意义（姜维杰，徐斌，方靖宇，等，2020）。区域施工智慧管理应用智能安全帽、蓝牙标签等多种定位技术，准确定位人员实时位置，并通过后台设置对施工各个区域权限等级管理、对定位持续记录并形成轨迹数据统计并形成轨迹数据的记录和查询，预设对应的非正常情况报警，全方位深度掌握现场施工人员实时定位及历史轨迹，实现对施工现场区域的智能管理（见图 5–12）。

图 5–12　区域施工智慧管理分析界面

5.4.1 电子围栏功能

通过在系统中对危险区域设置电子围栏，结合电子围栏及智能安全帽，对不同工种和作业面的施工人员按照预定区域进行智能化监控管理，对重要或危险区域的人员进出进行限制。针对违规进入限行区、长时静止和超时滞留等非正常作业行为自动告警，并通知相关责任人关注人员安全，及时制止或检查相关风险行为和非正常作业，避免发生施工意外和安全事故并及时消除风险隐患，有效提升工程施工安全管理水平。

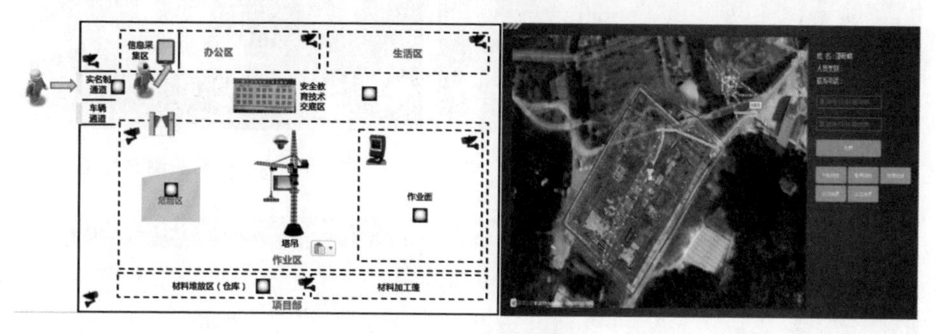

图 5–13　电子围栏

5.4.2　倾角智能监测

施工人员组塔过程中，需立抱杆辅助组塔，倾角仪设备（见图 5–14）用于监测抱杆的偏移角度，判断其是否处于水平位置。无线倾角传感器是一款高精度、低功耗的双轴倾角传感器，采用 MEMS 技术，对外通信方式为无线通信（见图 5–15），传输距离远，通信精准可靠。产品具备稳定性高、操作简单易懂、安装及携带方便等特性。

倾角仪装置的精准数据获取功能，有益于实时监控，辅助施工人员在组塔过程中实时监测抱杆的角度情况，及时调整危险临界值，从而保障施工人员安全，降低组塔风险。倾角仪在组塔中的运用是 AI 算法落实在具体场景的体现，有效地将运算力趋于低成本化，同时实现高效作业（见图 5–16）。

图 5-14　倾角仪设备

图 5-15　传感监测无线基站

图 5-16　系统实时数据查看

5.4.3　拉力智能监测

施工人员组塔过程中，需立抱杆辅助组塔，拉力器设备用于监测抱杆拉线的实时拉力值，判断其是否处于安全阈值。无线智能拉力传感器（见图 5-17）具有精度高、功耗低等特点，以贴有应变片的弹性体为敏感原件，在外接激励电源后，输出与外加负荷（力）成正比例的信号，通过相应的配套仪器协同作业，广泛用于监测各种拉式受力结构情况。

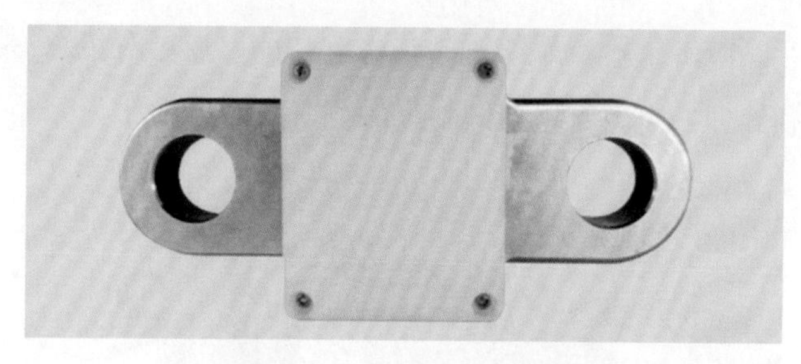

图 5-17　无线拉力传感器

拉力器设备于物联感知技术中的出现，在提升运算效率的同时，降低了功耗，增加了特定场景应用的适用性，实时监测需求拉线位置的拉力值，推动基建项目迈向物联化、智能化和通用化。通过物联设备，收集海量数据，通过数据分析，实现更高形式的信息传递及处理，为基建项目在生产活动中提供更好的服务（见图 5-18）。

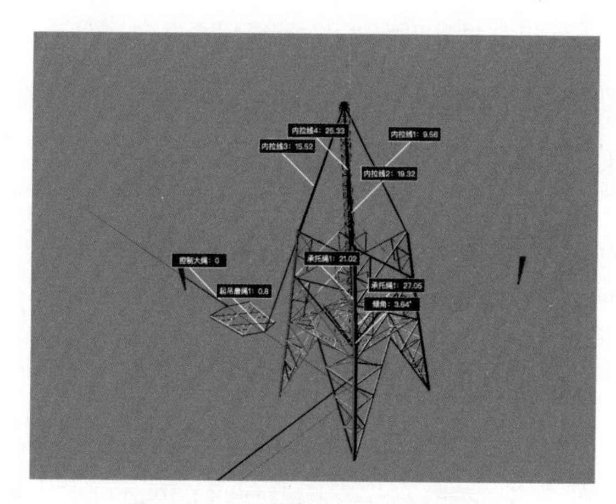

图 5-18　三维模型展现监测数据

5.4.4　跨越架智能检测

在输电线路施工中，电流导线需要跨越公路、铁路、电力线路等障碍物，放线前要在这些交叉跨越处搭设跨越架，使导线安全顺利通过，以保证导线在跨越施工中免受损伤，确保被跨物的安全正常运行。跨越架设备（见图 5-19）主要是在保障搭设跨越架的过程中，确保跨越架的稳定性。跨越架监测系统配备了倾角传感器及无线数据传输模块，具备远程传输及监测跨越架是否处于水平状态，实时采集跨越架的倾斜角度等功能，通过对传感器模块的数据接收、比对和处理，实现跨越架倾斜度的测量及监控。

图 5-19 跨越架设备

通过跨越架自带的无线网络，完成相关设备的互联，打通数据双向传输。跨越架物联感知芯片将数据实时传输至云端，通过数据分析，及时反馈异常，充分解决了人工搭建和调整跨越架时角度难及稳定性不足等问题，在保障现场施工人员人身安全的同时，提高了施工效率。

5.4.5 地质环境沉降监测

变电工程建筑物、构筑物基础沉降会造成多方面破坏和严重影响。通过安装在滑坡等地质灾害易发位置的沉降监测传感器和高精度压力传感器并利用数据补偿算法，能够实现沉降自动监测、精准测量和超限告警，有效地监测地质状态及气象环境，及时发现因地形地貌、天气等原因造成的滑坡、泥石流等各种地质灾害，减少因地质灾害引发的各类损失。

在架线施工过程中，铁塔的受力、变形情况的分析监测是发现危险隐患因素的重要参照，地质环境沉降监测的实时监控通过准确的数据和轨迹变化来反映架线施工中的铁塔状况，一旦超过警界值，系统就会告警，停止作业，降低倒塔的风险，及时提醒相关负责人排除安全隐患，加强安全措施，确保施工安全（见图 5-20）。除此之外，系统也能有效应对抗灾抢险、外力破坏的危急环境，在冰冻雨雪、台风洪涝灾害来临时，在一些涉及堆土和开挖等导致地基沉降的工程中，及时收到杆塔角度变化和预警信息，帮助指挥中心做出正确判断，提高抢险救灾效率。

图 5-20　地质环境沉降监测场景

5.4.6　深基坑状态智能感知

基坑作业人员作业前，须检测坑内气体状况，保障基坑内无有毒气体以及氧气含量充足；作业中，须监测作业人员状况以及气体含量变化，一旦发现异常情况发生，则第一时间进行告警，同时启动鼓风机，确保基坑内空气流通。

深基坑状态智能感知系统是集成鼓风机控制器、气体检测仪以及智能安全帽于一体、各设备互联关联监测的感知应用，通过系统串联各感知设备，打通设备间的数据传输，实现“作业前监测、作业中防护、作业后确保”的基坑作业全过程监测，保障基坑作业人员的施工安全，提高基坑作业效率。

集成多种设备，监测基坑作业全过程，替代了以前人为经验判断的方式，辅助人员在作业阶段的安全施工，并能根据不同的情况及时调整作业状态，保障基坑作业人员安全。

5.4.7 基坑高精度自动检测

基坑高精度自动检测可实现基坑横断面深度定位和横断面 360° 全方位内壁扫描测距，具有定位准确度高和测距分辨率高的特点。同时，测量结果数据可实时传输到控制中心平台，由控制中心平台将数据形成基坑开挖 3D 模型并与设计数据校对得出开挖是否符合施工标准及要求，并将数据转发至施工人员移动设备，施工人员可在移动设备中实时获取开挖是否符合标准的信息（见图 5-21）。

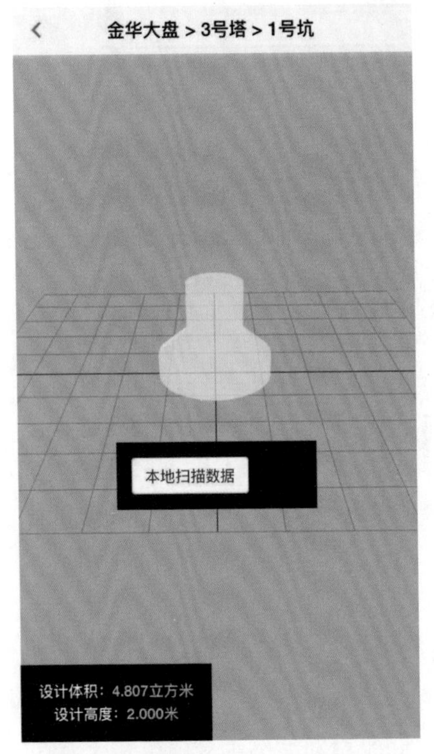

图 5-21 基坑高精度自动检测界面

该系统主要用于自动检测基坑信息，收集基坑数据，基于收集的数据，形成 3D 模型，直观展现基坑开挖量，解决了地下基坑内信号的可靠传输难题，并且具有实施便捷的优点，从而为电力基坑施工提供了可靠的信息化保障。

5.5 现场环境智慧管理

工程现场环境质量一方面关系着安全文明施工，一方面也会影响到 GIS 安装等对环境质量要求较高的施工工序。当前，大部分工程现场的环境气象信息难以感知监测，无法对工程现场提供合理的施工指导（见图 5-22）。此外工程施工过程中产生的扬尘和噪声等污染源，是环境保护中重要的监管对象。因此强化对环境风险因素的识别，充分考虑施工现场环境风险指标的时态、状态和类型（徐斌，方靖宇，崔鹏程，等，2020），有效监控变电工程扬尘污染和噪声污染，加强对工程建设环境的自动监控，打造具备智能化全面感知能力的现场环境智慧管理应用，具有十分重要的现实意义，也是满足对施工现场精细化管理的要求，更是提升工程建设施工绿色环保管理水平的重要路径。

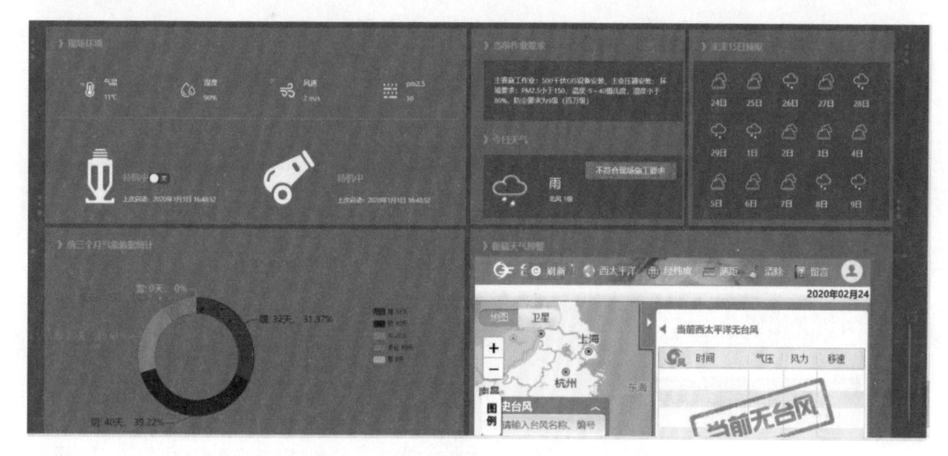

图 5-22　现场环境智慧管理界面

5.5.1　工程现场环境指标监控

环境分析智能管理，利用环境监测设备在工程建设现场搭建“微气象台”，实时采集数据，获取现场扬尘、噪声、温度、风速等环境数据，智能分析、判断工程建设安全风险及质量管理风险，确保施工现场及周边环境符合政府管理要求。

5.5.2　环保水保模块功能

了解施工现场各工程、项目措施的完成情况，实时监管项目是否存在环保、水保重大变更的情况及涉及的变更项，掌握项目现场保护措施的具体情况（见图 5-23）。实时监测施工现场地区域气象数据以及电磁和噪声敏感点、生态环境敏感区的数量、类型、敏感信息详情。实现施工过程各项目部环保、水保数码照片拍摄的数量统计、照片汇总及照片详情查看。

图 5-23 环保水保界面

5.5.3 工程现场气象监测

实时获取项目所在地区气象信息，对当前及未来气象信息进行展示播报，对恶劣天气或极端环境变化进行提前预警，指导施工作业（见图 5-24）。联动系统应急管理模块，设定气象应急报警阈值，达到触发条件时，系统自动启动应急预警。

5.5.4 工程现场噪声管控

针对变电站施工现场，部署噪声监控装置，监测现场噪声情况，当噪声超出系统设置阈值（可由项目部根据现场情况自行设置），系统自动触发告警，并将告警信息发送到管理人员手机，提醒管理人员注意现场施工噪声，保证施工不会影响到周围居民生活。

5.5.5 工程现场粉尘管控

该模块主要通过现场 PM2.5 和 PM10 数据监测，自动发出声光报警并将信息发送给相关管理人员，同时联动现场物联网设备，如雾炮（见图 5-25）、喷淋（见图 5-26）等，当系统检测到粉尘数值超过阈值时，设备会自动或手动启动，通过喷淋降尘，营造良好施工环境。当环境数值降低到预警值以下时，停止喷淋作业，及时消除隐患。

图 5-24　现场小型气象站

图 5-25　现场雾炮车

图 5-26　现场喷淋装置

5.5.6　GIS 安装环境管控

输变电工程施工安装受气象因素影响较大，例如变电站主变压器、GIS 设备等的安装对环境湿度有严格要求。但由于施工环境复杂、设备条件薄弱等原因，GIS 无尘化环境管控一直处于亟待提升状态。围绕 GIS 全过程施工优化，开发智能化集成环境控制系统（见图 5-27），其中视频监控模块可实时监测 GIS 设备安装过程，并进行视频存储，同时方便远程监管；根据系统进度数据和 GIS 安装相关规范要求，设定温湿度、粉尘、PM 值等系统阈值，可视化监测报警模块对各指标进行实时监控，当超过安装环境要求阈值时启动报警，并通过智能除尘、智能除湿模块调整安装局部环境的空气洁净度及湿度，严格管控现场 GIS 环境，为工程建设顺利推进提供有效支撑。

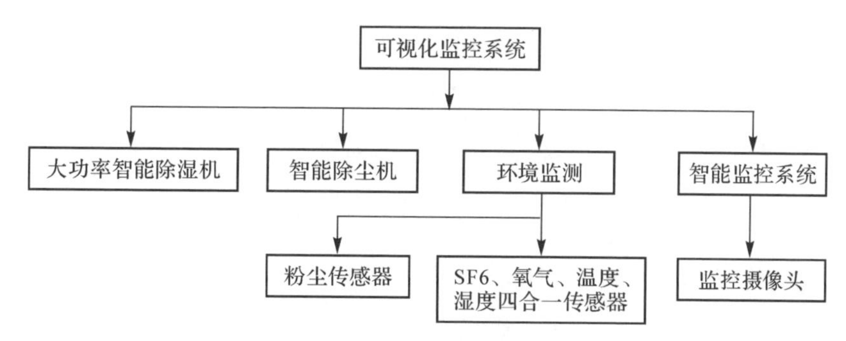

图 5-27　GIS 安装环境管控系统

5.5.7　智能扫地机器人

基于智能循迹的清扫机器人能够自主智能化清扫工程地面，创造良好施工环境。智能扫地机器人（见图 5-28）通过高精度差分 GPS、激光雷达定位、双目视觉定位实现超强定位建图；利用激光雷达、超声波、电子防撞传感器、急停开关等多重安全保障，融合深度神经网络，实现遇人、障碍物及时停止；通过自主识别环境，主刷强力吸尘，厘米级高精度定位保障清扫路面的全覆盖，实现高效自主清洁，避免变电站工程现场尘土飞扬，为施工人员创造了良好的施工环境，节约了清扫人员人力。

图 5-28　智能扫地机器人

5.6　数字化库房智慧管理

当前，在基建现场工器具管理领域，大多仍然采用纸质领用单、纸质检修单等，电子化水平低，对工器具的管理维护不到位。对使用中及在库的工器具监管不到位，就无法掌握工程现场工器具使用情况，轻则造成资源浪费，重则影响施工安全。因此，非常有必要对工地现场工器具采用电子化、智能化的管理，实现对工器具全生命周期的管理，以提升施工现场工器具规范化和精细化管理水平，保障现场施工安全（崔鹏程，徐斌，姜维杰，等，2020；徐斌，崔鹏程，林立波，等，2020）。

工地现场数字化库房智慧管理模块主要按工器具的生命周期，对工器具的入库、领用、归还、检修、报废进行统一规范化管理。采用智能货柜对小型工器具进行管理，在每个工器具上加装唯一的 RFID 标签，智能货柜的每个格子上都有 RFID 读卡器。智能货柜可以识别每次领用、归还的设备，并上报智慧管理平台。对智能货柜装不下的大型施工类工器具，则采用基于 RFID 的虚拟库房进行管理（见图 5–29）。数字化库房智慧管理模块主要包括以下四个子功能：工器具入库管理、工器具领用归还管理、工器具状态监测、智能验收提醒。

图 5–29　数字化库房智慧管理界面

5.6.1　工器具入库管理

把项目现场需要管理的各种工器具录入系统，包括工器具名称、工器具编码、工器具单位、入库数量、入库日期、工器具检修周期、报废周期等主要信息，同时将主要信息录入 RFID 中。

5.6.2　工器具领用归还管理

现场人员领用工器具时，需要生成领用单，领用单需要记录领用时间、领用工器具的名称和数量、领用人等信息，并生成清单。归还时，需根据领用单进行归还，同一领用单领用的工器具可以分多次归还，分别记录每次归还的工器具种类、数量和时间，并显示领用单状态。

5.6.3 工器具状态监测

工器具状态有五种：使用中（已借出）、合格（在库且在检修期内）、待检（在库但需要检测后才能使用）、报废（超出使用期限或损坏的设备，需手动操作报废）、丢失（丢失的设备，需手动操作设备丢失状态），同时可以对库存设备进行盘点。支持对工器具领用、归还、报废、检修记录进行查询、查看，实现工器具使用、检修情况的跟踪和借还台账记录。

5.6.4 智能验收提醒

自动获取工程进度信息，与现场进度进行联动。当工程进入关键验收节点时，根据验收项生成工器具领用需求表，并将验收所需工器具领用提醒发送到验收人员账户。验收节点过后，系统对照需求表检测有无生成领用记录，并将检查结果发送至工程管理人员账户。如果系统在验收进度过后未检测到相关领用记录，则判定验收人员工作不到位，系统将自动提醒管理人员验收工作不到位。

5.7 设备物资智慧管理

变电站涉及的主变、GIS 设备等物资生产周期长，一旦出现延期交货，对工程进度会有不利影响。因此加强对输变电工程物资的智慧化管理具有重要意义。借助先进信息化技术打通物资监造、出厂试验、物资运输、签收和抽验等物资管理环节，实现物资全过程线上管理，根据工程物资需求计划建立物资供应预警机制，辅助项目部实时掌握当前物资进度情况，提高物资管理精益化管理水平（见图 5–30）。

图 5–30　设备物资智慧管理界面

5.7.1　监造业务流程可视化

在系统中对监造业务中的关键业务流程进行信息化建设，完成合同管理、监造人员管理、设备质量管理、监造进度管理、监造见证管理等功能。实现在系统中上传下载各类监造的图纸、资料和检测报告，逐级报审和审批各人员、原材料、机械、进度计划和方案，草拟通知单，并在到时间未回复时发出提醒。

5.7.2　设备发运可视化

在设备发运时，监造人员在运输车辆上放置定位装置，并在系统中维护大件设备运输方案中的关键信息，如运输路线、运输距离、速度限制、计划到货时间等。通过定位装置，对人员或车里货物进行定位，可在系统中显示运输轨迹、时速和加速度，并对关键信息及时纠偏和报警。

5.7.3　监造关键点见证可视化

在进行关键节点见证时，监造人员在系统中关联佩戴式摄像头编号信息，并携带和使用的任务设备（佩戴式摄像头、固定摄像头）在见证现场进行图像信息采集记录。可实现对监造现场视频的实时查看调阅，并能将后台语音传输到现场，实现双向沟通。

物资智慧管理的成功应用有利于智慧基建平台对物资设备的统一监督，减少变电设备的质量问题，保证如期交付，提高设备合同的履约率，进一步推动输变电设备监造工作的专业化和规范化，实现变电设备监造工作的稳定健康发展。

5.8 质量安全智慧监管

5.8.1 基建排查

在智慧基建 App 中建设基建工程排查应用，当应急事件发生时，对全省所有工程进行基础设施等的排查管理。方便省公司及下属建管单位对现场设施进行汇总统计，以及时应对突发情况。通过基建工程排查功能，可快速、清晰地统计各在建工程预防灾害的准备工作及各项措施，最大限度地降低灾害所带来的危害。

基建排查功能主要包括：针对应急事件，实现排查任务下发、工程施工总工/项目经理填报、监理/建管单位审核、监管单位/省公司汇总查看等功能，是集下发、填报、审核、数据汇总、导出等功能流程于一体的智能排查系统（见图 5-31）。

基建排查 App，以省公司发起排查为起点，施工项目部据实填报，将传统统计方式电子化，优化省公司监管工作程序，使得流程更加方便、快速及透明；监理单位的审核功能，为排查统计的准确性提供了保障；建管单位的提报及退回功能，大大提高了基建排查数据的有效性和准确度。

基建排查 App 的运用，是传统审批到“互联网＋”衍生的产物，有效缩短及简化了审批的时间和流程，提高了相应工作人员的办事效率，从而为相关部门监管及数据统计提供了强大的技术支持。

省公司页面

建管单位页面

施工总工填报页面

监理页面

图 5-31　基建排查 App 各功能页面

5.8.2　无人机远程遥感技术应用

无人机远程遥感技术利用无人机设备和精准的弧垂算法，在输变电工程安全质量及进度方面辅助稽查应用，通过构建远程快速的稽查体系，加强了施工质量安全管理，并有效实现了施工进度信息的实时掌握，降低了劳动力成本。

线路弧垂智能检测，通过研发智能算法，自动读取现场使用设备的测量数据进行弧垂计算，调取系统内预存的相关设计图纸，自动读取图纸上相关内容，结合外部测量的温度数据，自动计算误差并与验收规范要求结合进行自动判断，得出是否符合验收规范要求的结论，生成报告或缺陷返修单，返修单自动推送给对应负责人员。同时，通过无人机设备（见图 5-32）拍摄工程现场作业画面，为问题排查提供依据，辅助远程质量安全监管（见图 5-33）。

图 5-32　无人机设备

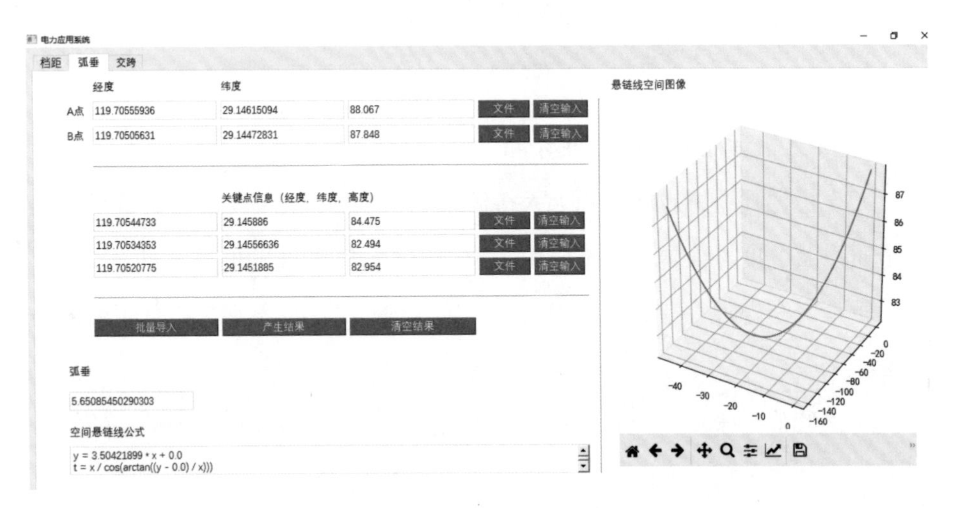

图 5-33　系统展现界面

5.9　应急智慧管理

应急智慧管理模块主要从对现场情况的实时监控、工作部署、应急反馈及其他辅助应急功能四方面入手，以保证应急工作快速开展。该模块业务总体流程如图 5-34 所示。

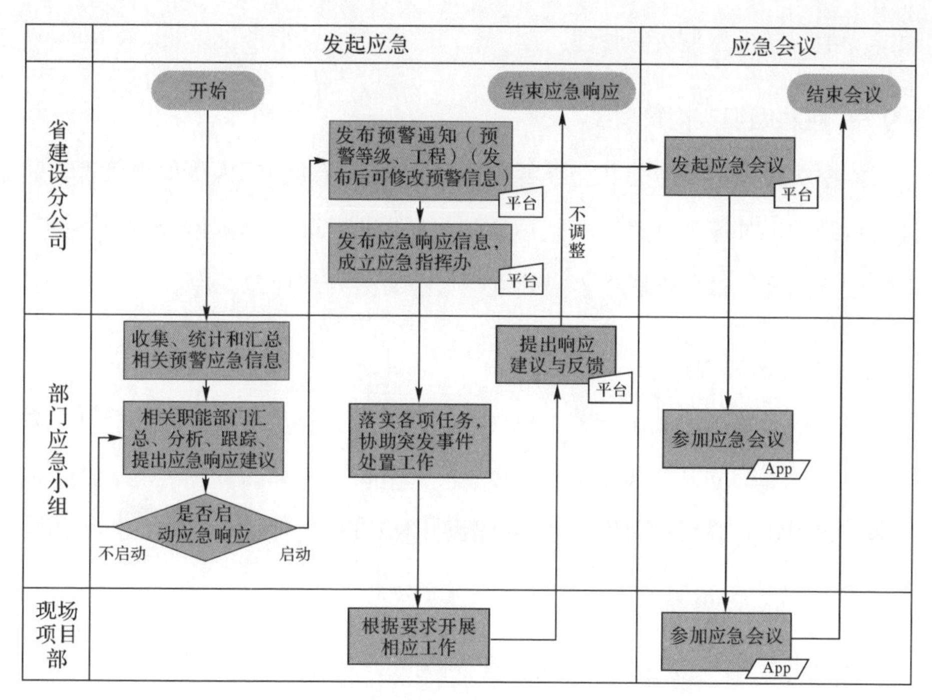

图 5-34　应急智慧管理模块业务总流程

5.9.1　大屏应急展示

本模块主要分为应急和无应急状态下不同情况下的大屏信息展示，用于区分当前是否处于应急状态。

应急状态：在大屏展示应急状态下某项目工程的基础情况，主要包括工程地图、天气情况、应急预案、应急组织架构、应急动态、应急等级 / 类型、应急值班表、预警会议等。

无应急状态：在大屏展示无应急状态下某项目工程的基础情况，主要包括工程地图、天气情况、应急宣传视频 / 应急视频回放、应急预案、预警会议等信息。

5.9.2　应急预案管理

该模块主要通过不同层级账号权限分发，进行各自的预案信息管理。主要用于无应急状态下预案学习、有应急状态下预案借鉴。同时在 App 上进行预案展示，进行相关文件管理。

5.9.3 应急组织架构管理

该模块主要用于应急状态下各个应急工程中应急组织人员架构管理。通过后台维护，对各个组织、各个工程应急人员进行新增、修改、删除等管理，以保证应急开展过程中职责落实到人，快速有效开展应急工作。

5.9.4 应急视频管理

该模块主要用于应急相关宣传视频、教育视频等的管理。向用户展示各项事故所带来的危害，以提高用户的个人工作职责认识，做好各项防范工作。远期，该模块可以与学习模块联动，激励用户进行文件学习。

5.9.5 应急响应管理

该模块主要用于应急过程中的一系列响应计划安排，整个过程主要由应急预警发布、应急响应、应急反馈三部分组成，加入第三方物联设备辅助，开展应急工作。通过指挥中心大屏指挥，做到实时通信，必要时启用视频会议终端进行视频或电话会议（见图 5–35），部署应急工作的开展，实时监控应急进展情况，以保证应急开展过程中职责落实到人，快速有效开展应急工作。该模块要能实现手机 App 端填报现场应急措施落实情况，系统后台能够自动汇总。

图 5–35　视频电视电话会议终端

5.9.6　新冠疫情防控

为实时了解变电站新建工程管理人员、施工作业人员疫情防控情况，针对各类情况及时采取对应措施，甬港智慧管理项目组第一时间对疫情防控知识进行了学习、研究与探讨，在站内智慧管理项目的基础上研发出疫情防控智慧管理模块（见图 5–36）。此模块主要包括热成像自动测温、防疫物资领用、健康二维码和疫情防控指挥中心面板等内容（见图 5–37）。

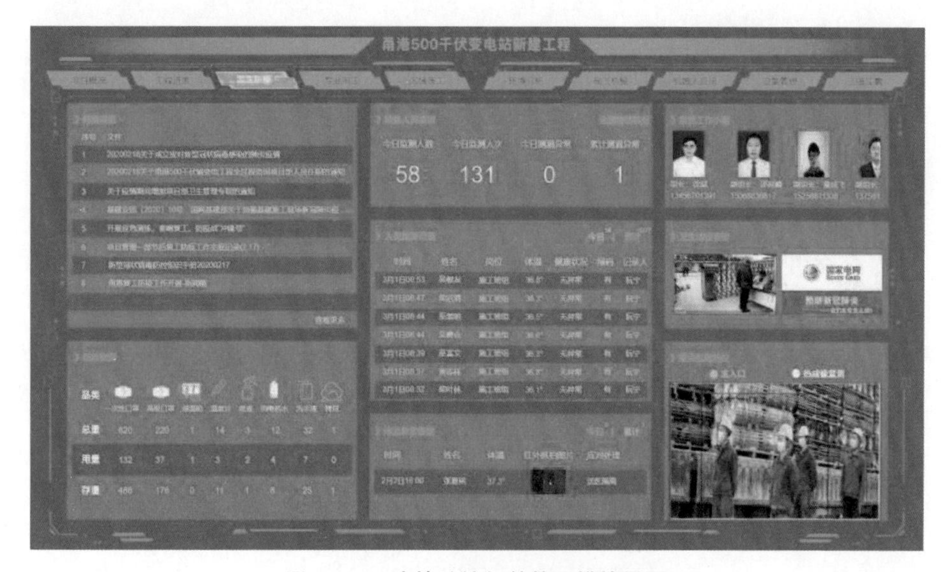

图 5–36　疫情防控智慧管理模块界面

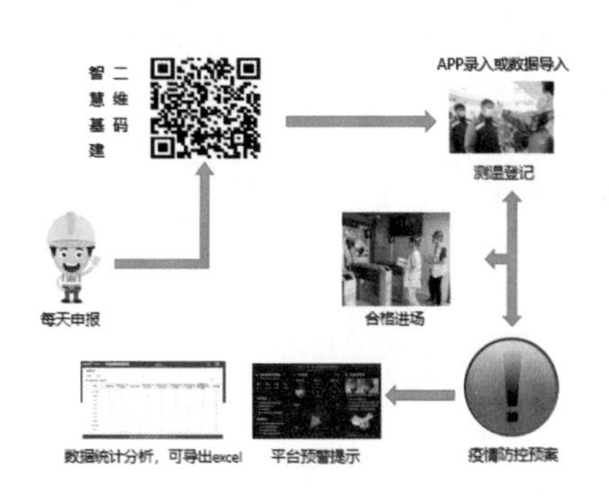

图 5–37　疫情防控管控流程

5.9.6.1　防疫模块

智慧管理项目组通过智慧基建系统采集参建人员基本信息、健康状况、每日体温、人员所在位置等信息。收集的数据会同步在智慧管理系统平台的卫生防疫专项模块中，并对漏报人员进行提醒催报，对异常信息进行实时预警。同时，这些警报和异常信息也会推送给现场管理人员，帮助其及时、有效地做出响应措施。

5.9.6.2　AI 体温测量

测量体温是疫情防控的一个重要办法。鉴于项目现场人员多且杂的现状，采取常规方法测温进场效率低，并且在管控方面存在一定的难度，因此，项目组在现场入口处安装了快速临时布控摄像头，摄像头支持 AI 人脸检测，可以实现多目标同时测温，具有声光报警和内置喇叭功能。同时，利用红外热成像自动测温技术，对现场人员体温进行实时监测，并生成相关图像，把看不见的温度转化为看得见的数字和图片。对于体温异常人员，设备将发出“体温异常，请复核体温”的语音提示，并进入人工复核以及疫情防控应急预案阶段。

第6章 输变电工程项目智慧管理评价与应用

目前，国内外研究更多地关注工程项目智慧管理方式方法的研究和运用实践，而对项目智慧管理评价体系的研究相对较少，学界对评价体系的研究也较多集中于对企业信息化、数字化管理的评价，以及对智慧城市评价指标体系的构建和应用。为此，本章以制造企业为例，首先按照企业“信息化—信息化和工业化（“两化”融合）—数字化”的发展逻辑，将国内外的相关评价体系建构指标体系进行梳理，为工程项目智慧管理的评价提供思路借鉴。然后结合输变电工程项目智慧化发展要求和应用实践，以及智慧管理的相关评价指标体系，构建输变电工程项目智慧管理的评价指标体系。

6.1 企业信息化和数字化建设相关评价体系研究回顾

信息技术的发展为企业带来了巨大的变化，具体可以分为三个阶段：信息化、信息化和工业化的融合（“两化”融合）、数字化。在上述三个不同的发展阶段，国内外学者开展了相应的评价研究工作，构建评价指标体系，评价企业的信息化和数字化建设是否达到预期目标以及是否给企业带来更高的收益，帮助企业发现问题，推动企业信息化和数字化建设的进程。

6.1.1 企业信息化建设阶段的评价体系研究

在企业信息化建设阶段，国内外学者最早针对制造企业开展评价研究工作。由于此阶段企业的信息化建设工作刚刚起步，信息化管理模式还不够成熟，初期的评价体系主要关注企业的信息化程度。国内学者侯伦和唐小我（2001）首次提出从组织建设、基础设施建设和信息化系统应用三个方面构建评价指标体系，来综合评估企业的信息化程度。这套国内最早的指标体系侧重于对企业内部信息化建设条件及应用水平的测评，并没有涉及信息化建设给企业带来的影响和效益。唐志荣和谌素华（2002）同样着重于研究企业信息化水平，构建的评价指标体系包括信息技术投入及设施水平、生产过程自动化、管理信息化、营销信息化水平及人员素质五个方面，并且通过层次分析法结合专家赋值的方法确定了各指标的权重。虽然该研究对企业的信息化水平做出了系统评价，但仍然没有考虑到信息化带来的效益。后来周朝民和吴军（2002）提出，除了企业自身信息化程度的高低，企业更关心信息化建设后所取得的实际收益。因此，他们设计的评价指标体系不仅包括信息设备情况、信息化软件的应用情况和信息化综合水平，还加入了企业信息化效益相关度和企业信息化发展潜力两个指标。此后，国内学者都将信息化为企业带来的绩效和影响作为一个考虑因素来设计评价指标。例如刘晓松等（2002）在评价中小企业信息化水平时，设计的指标涵盖了信息设备及软件系统装备程度、利用程度、信息使用者水平、企业信息化环境和信息化经济效益等五个方面，同时采用比较分析法和专家评分法分别对定量指标和定性指标做了评价。齐二石和王慧明（2004）从战略地位、信息基础设施、信息技术应用状况、人力资源、信息安全和信息技术经济效益六个方面来评价制造业信息化水平，并采用层次分析法确定了各指标的权重。

构建评价体系有利于企业及时发现信息化的优势及其建设过程中存在的不足，从而加强实施应用水平。Tong 等（2007）在前人研究的基础上，改进其评价指标和评价方法，构建出一套新的评价体系，使得企业可以从该评价方法中发现信息化建设的弱点，更加合理地分配信息资源。企业可以通过信息化技术的变革改变其生产函数，利用相同的投入要素换来更多的产出，提高生产经营的效率，从而提高企业的收益。Gattike 和 Goodhue（2005）从组织信息处理理论入手，研究了企业信息化投资和企业绩效之间的关系，发现企业在信息化发展的过程中工厂之间的依赖和差异会对 ERP 的协同效应产生影响，而协同、工作效率这一类中间利益则会直接影响企业收益。张建钦和韩水华（2008）提出企业信息化应用水平与企业信息化绩效之间存在密切的关系。他们首先从资源理论的角度将信息化带给企业的效益归纳为两方面的绩效：经济收益和竞争优势；其次从这两个方面出发建立指标体系来评估制造企业信息化绩效，并且采用客观赋权法中的主成分因子分析法对企业数据进行了多元统计分析；最后通过分析企业的主因子得分，得出信息化应用水平和信息化管理制度与企业信息化绩效紧密相关的结论。

上述研究都是站在单个企业的角度评价企业自身的信息化水平，缺乏一定的宏观视角。一方面，学界研究的不断深入使得一些学者从整个行业的视角构建评价体系。胡军等（2005）提出建立同一行业同一类型企业的信息化评价指标体系，并从信息化应用技术、信息化保障和信息化综合效益三个方面评价制造业信息化水平的建议。Tong 等（2007）针对同类型的 6 家制造企业的信息化水平建立了投入产出体系的评价模型。Yong 和 Lee（2007）以韩国铸造企业为评价对象，构建了一个铸造企业信息化评价模型。徐晓靓（2014）从信息化基础和信息化效益两个方面构建了通信设备制造企业信息化评价体系，根据选取指标的特点，采用层次分析法、德尔菲法和标杆值法等方法评判通信设备制造企业信息化水平，并建立通信设备制造企业信息化水平评价模型。另一方面，鉴于竞争的实质不仅仅是单个企业之间的竞争，而是企业背后整条供应链之间的竞争，齐二石等（2008）提出供应链中的节点企业必须站在供应链管理的高度对企业信息化建设进行总体规划，供应链与节点企业之间是整体与局部的辩证关系，要从整体考虑局部，站在供应链的整体角度评价节点企业的信息化水平，建立基于供应链管理的制造企业信息化评价指标体系，采用层次分析法确定指标权重，模糊综合评价法进行综合评价。

虽然对企业信息化管理水平的评价大多针对制造业企业，但对其他行业也有所涉及。例如早期刘丽（2005）对电厂信息化项目建设带给企业的显性和隐性收益进行了综合评价，分别从信息化的应用水平、经济效益、社会效益三个角度设定了三套评价指标体系。陈科师（2012）从项目目标实现度、项目全过程成功度、项目效果收益、项目影响与可持续程度四个方面，运用项目成功度法，对供电企业电力营销系统开展了绩效评价工作。李存斌和宋易阳（2015）从组织建设、业务效果、系统运行和用户体验四个方面构建指标体系，综合评价了电力企业信息化应用效果。余腾龙等（2018）从电网企业信息化管理发展环境的角度出发，构建了包含信息技术水平、信息化业务支持、信息化绩效水平和信息化持续发展能力四个方面的评价指标体系，评价其发展水平和管理水平，并且采用基于 TOPSIS 的灰色关联度综合评价模型进行了综合评价测算。董婷婷（2018）从影响电网企业信息化项目绩效关键因素入手，识别和分析了项目前期规划、技术能力、建设过程管控、系统运行能力等要素，从建设能力、技术能力、应用能力、运行能力和经济能力五个维度构建了电网企业信息化项目绩效评价指标体系，并且采用专家打分—熵权法的指标综合赋权方法，确定了各评价指标权重。

综上所述，从评价指标来看，最早的评价体系仅涉及组织建设、基础设施和信息化应用水平等方面，经过不断扩充，部分学者发现了信息技术应用对企业经营和管理的影响，于是后来的评价模型中出现了信息化效益等评价指标。从评价对象来看，起初信息化水平评价研究仅针对制造企业，后来扩展到中央企业、电力企业、茶叶企业等不同企业和行业。从评价方法来看，层次分析法被较早和较多采用，并且从单一的评价方法，例如层次分析法、专家打分法，发展为模糊综合评价等多种评价方法的组合运用。虽然在评价不同的项目时，其具体指标和评价方法有所不同，但是绝大多数学者还是将企业信息化视为一个投入产出系统，从信息化建设基础、信息化应用水平和信息化效益三个方面设计评价指标体系。

6.1.2　企业“两化”融合阶段的评价体系研究

随着信息技术研究和应用的不断深入，学者们意识到推动企业转型升级的必要条件是将信息化和工业化进行“两化”的深度融合。企业“两化”融合通常是指企业围绕其发展目标，以信息化作为发展的内在要素，在夯实工业基础的前提下，不断推进产品研发设计和生产制造，优化提升经营管理和营销服务，推动企业发展理念和发展模式的创新，最终实现可持续发展的过程（刘九如，2013）。

“两化”融合程度的测度是“两化”融合发展进程中极为重要的一部分，是保证工业化和信息化沿着正确方向快速有效融合的必要手段。因此，学者们积极开展了企业“两化”融合的评价研究。中国国家标准化管理委员会在 2013 年发布了《工业企业“信息化和工业化融合”评估规范》（GB/T 23020–2013），周剑和陈杰（2013）依据《工业企业“信息化和工业化融合”评估规范》的要求，提出一套覆盖制造业企业全局的“两化”融合评估体系和评价方法。在指标构建维度上，龚炳铮（2008）从“两化”融合基础环境、应用和效益三个层面构建了“两化”融合评价指标体系，并且采用专家打分法确定了各指标权重。尹睿智（2010）提出从“两化”融合的建设、应用、效益三个角度对“两化”融合的融合水平进行分析，建立了相应的测评指标体系，采用层次分析法确定权重，采用灰色关联度分析法对普及度、融合度和效能度进行相关性分析，最后通过实证研究对天津市“两化”融合现状进行了相关分析，指出天津市“两化”融合所处的阶段和存在的问题。另外，张玉珂和张春玲（2013）从基础设施、应用水平、人才建设、融合效益四个方面构建评价指标体系；马黎娜（2013）从融合环境、融合水平、融合效益三个方面构建评价指标体系；李宝玉（2016）认为应从融合能力、融合绩效两个维度构建评价指标体系。虽然学者们选择评价的维度有所不同，但构建的评价指标体系基本上都包含基础设施、战略与组织建设、人才建设、应用水平、融合效益等五个方面（闫晓敏，2012）。

随着学者对评价研究的深入，评价指标体系内容不断扩充，部分学者建立了“两化”融合评估的成熟度模型。李钢和胡冰（2012）提出企业“两化”融合水平包括就绪度（基础）、成熟度（应用）和贡献度（绩效）三方面，并且从这三个方面构建及分析了企业“两化”融合水平评价的各层指标体系，重点研究了成熟度的评价方法。李啸晨等（2017）针对我国企业“两化”融合评估过程中缺少通用的参考模型、指标体系等一系列问题，建立了一套完整的“两化”融合评估体系。他们首先明确了企业“两化”融合评估的层次定位，提出了“两化”融合评估通用的参考模型和指标体系，并据此构建了“两化”融合评估的成熟度模型。

6.1.3 企业数字化建设阶段的评价体系研究

企业经历了信息化、“两化”融合的发展阶段之后，进入了数字化建设阶段。其实国内关于企业数字化管理的探讨起源并不晚，王国斌（1997）最先从企业信息战略数字化、采集市场信息数字化和企业时间数字化三个方面阐述了数字化管理的重要性。黎小平（2006）在分析制造企业管理信息化现状的基础上，对比了数字化与信息化的异同，对企业数字化领域的研究具有里程碑意义。黎小平提出只有完全信息化才能实现企业管理的数字化，信息化是管理数字化的前提和基础。数字化的根本原理在于可量化和可存储化，数字化管理将企业的所有资源和行为透明化，大大提高了管理的可控性，推动了企业实现内外部的协同管理。高慧颖等（2008）提出数字化就是企业充分利用信息化技术来提高经营和管理决策水平。

国内学者对企业数字化评价体系的研究大多在企业信息化评价体系上进行延伸扩充，很多学者从投入、应用及产出三个方面入手，侧重企业的智能制造能力和创新能力。例如，龚炳铮（2015）以我国制造企业为研究对象，从智能制造企业生态环境、发展水平、企业效益三个方面评价了企业的智能制造实施水平。邵坤和温艳（2017）在前人研究的基础上，以企业的基础设备设施、企业绩效的产出和企业创新能力为关键评价指标来评价企业的智能制造能力。张艾莉和张佳思（2018）首先研究了在互联网背景下，制造企业、互联网和企业创新三者之间的关系，然后从创新投入、创新实践和创新产出三个方面设计了一套评价体系。董志学和刘英骥（2016）从企业的管理效益、研发设计的智能化能力和输出服务的信息化水平三个方面来评价企业的智能制造能力。李杰（2019）从技术手段、驱动机制、演化过程、系统角度阐述了制造企业数字化的内涵，认为制造企业数字化的内在逻辑与创新价值链的思想吻合，因此基于创新价值链理论，从数字化投入、数字化应用、数字化效益三个方面构建了制造企业数字化的评价指标体系。

部分学者从企业转型的角度对数字化进行了评价。从价值链角度来看，制造企业数字化转型应当伴随整个价值链流程的变革，包括研发、制造、销售、服务以及产品使用期间的所有环节。作为老牌制造强国，德国走在了数字化的前列，早在 2011 年就提出了“工业 4.0”战略，旨在通过制造技术和数字技术的融合，促使传统制造业向智能制造转型（Lasi, Fettke, Kemper, et al., 2014）。Anindita 等（2013）将数字化转型定义为涉及企业业务流程、操作程序和组织能力的，由转换信息技术促成的企业转型。孟凡生和赵刚（2018）认为制造企业数字化转型是将数字化技术与制造技术全面融合，通过在制造全过程、生产全流程的每个环节全面采用大数据管控，实现大数据精准管理，使生产过程和资源配置达到最优。许敬涵（2020）从企业数字化转型能力和当前企业数字化转型面对的问题出发，结合企业动态能力理论和企业数字化转型能力要素，通过技术变革能力、组织变革能力和管理变革能力三个维度对制造企业数字化转型能力的指标体系进行探究。尹峰（2016）从智能制造实施的影响因素出发，从生产线、车间、企业和企业协同四个维度建立了一套综合评价指标体系，同时采用层次分析法确定指标权重。

Bogner 等（2016）在研究德国制造企业数字化程度时，借鉴波特价值链的思想，提出以生产活动的自动化水平和价值链的自动化程度对企业数字化成熟度进行测度，并依据这两个维度将不同成熟度的企业划分为最佳实践者、技术专家、市场者、保守者四类。王核成等（2021）提出了数字化成熟度概念的三个层面：数字化就绪度（组织对数字化的准备程度）、数字化强度（组织基于数字技术的转型表现）和数字化贡献度（组织实施数字化转型后的绩效表现），据此开发了 DMM（digital maturity model）数字化成熟度模型。该模型包括五个关键过程域，分别是战略与组织、基础设施、业务流程与管理数字化、综合集成、数字化绩效。王瑞等（2019）从战略、运营技术、文化组织能力、生态圈四个维度构建制造企业数字化成熟度评价模型，并基于层次分析—决策试验与评价实验室的方法评价了某企业的数字化成熟度。

6.1.4 小 结

本节梳理了以制造业为主的企业在从信息化到数字化建设过程中的相关评价模型及方法。企业基于物联网、大数据、云计算、人工智能等数字化技术手段，对企业商业模式、战略、业务、组织和流程等进行一系列的优化或重构，实现工具与决策升级，最终达成优化资源配置的目标。企业数字化建设需要从战略、业务、组织、基础设施等方面统筹考虑，因此学者的评价工作涵盖数字化准备程度、数字化应用水平以及数字化绩效三个方面。具体来说，分别包括对组织、基础设施、环境等方面的评价；对业务流程环节、价值链环节等方面的评价；对数字化给企业带来经济效益以及提高企业竞争力等方面的评价。在构建评价指标体系之后，利用层次分析法、熵权法等方法确定权重，然后将评价体系应用到多家企业中，通过计算综合得分来评价企业的数字化管理水平；除此之外，部分学者还进行了实证研究来验证评价体系的有效性。近年来，成熟度模型成为学者研究的一个重点领域，通过划分成熟度等级、构建成熟度模型来评价企业的数字化综合水平。

6.2　智慧管理评价体系研究

目前智慧管理评价研究多数围绕智慧城市、智慧社区、智慧建筑、智慧电网、智慧税务、智慧图书馆等项目的智慧化建设水平来设计评价体系。因此，本部分整理了一些针对大型项目的智慧化管理评价研究，同时结合工程项目信息化和智慧化管理的评价指标，为构建电力工程项目智慧管理的评价体系提供参考。

6.2.1　智慧管理评价指标研究

根据智慧管理评价体系的相关研究，智慧管理评价大致可以分为智慧化建设准备度评价、智慧化应用效益评价和投入产出评价三个方面的内容。

6.2.1.1　智慧化建设准备度评价

智慧化建设准备度的评价对象大多集中于智慧城市。智慧城市与电子政务、开放数据等都是在信息通信技术快速发展的背景下提出的，在建设发展上具有一定的相似性，都需要稳定的信息基础设施、强有力的政策支持和良好的经济发展水平作为必要的支撑保障。智慧城市的建设更具系统性、复杂性，对各方面的要求也更高，需要更为全面、谨慎的筹划和准备。因此，智慧城市建设准备度，可以认为是城市治理各相关主体为推动和实施智慧城市建设所做准备的程度，即建设智慧城市所需基本条件的成熟程度。张梓妍等（2019）站在事前评估的角度，以信息基础设施、经济水平、人力资本及发展环境四个基础维度为关键指标评估了智慧城市智慧化建设的准备情况。

6.2.1.2　智慧化应用效益评价

智慧化建设项目的应用效益可以从智慧化应用的水平及其产生的效益两方面衡量。

（1）智慧化应用水平评价

邓贤峰（2010）综合分析了智慧城市的内涵和发展特点，基于前人对城市信息化评价指标体系的相关研究，在网络互联、智慧人文、智慧服务、智慧产业四个维度对智慧城市的应用水平进行了评价。王振源和段永嘉（2014）在评价我国智慧城市建设的进度及发展水平时，从城市基础设施水平、智慧应用水平、公共支撑体系三个方面构建了一套评价指标体系。曲岩（2017）分析了智慧城市的构成要素，认为应从智慧产业、智慧经营、智慧管理、智慧生活和智能技术基础设施五个方面构建指标来评价智慧城市建设水平。王彬等（2011）分别从宏观战略和微观过程两个层面构建了智能电网的战略评价指标和过程评价指标，其中战略指标反映智能电网的总体发展水平，而过程指标则描述系统各环节的运营状态。Frederick（2016）分别从电力系统安全、信息处理架构、通信设施、互动架构和系统工程等五个角度构建了智能电网基础设施评价指标体系。刘玉静（2018）基于智慧感知、智慧管理、智慧服务、智慧决策四个维度，采用熵理论、灰色关联分析和D-S证据理论相结合的评价方法测度了智慧图书馆的智慧化水平。

（2）智慧化应用效益评价

在评估其综合应用效益时，许多学者结合平衡计分卡理论展开研究。Chen和Deng（2015）从工程项目管理实施周期、管理内容、工程项目特点出发，运用平衡计分卡理论，对平衡计分卡四个维度进行改进，构建了工程项目管理信息化绩效评价模型。基于项目生命周期理论，建立了三维评价模型。向景等（2017）依据平衡计分卡绩效评价原理，结合德尔菲专家咨询法和层次分析法，从智慧税务环境、智慧税务文化、智慧税务管理、智慧税务服务、智慧税务保障五个维度建立了智慧税务评价指标体系。对智慧电网应用效益的评价，国内外学者从不同的角度设计了评价体系。欧洲学者针对欧盟智能电网发展愿景提出了电力系统运行与设备利用最优化、信息通信技术、灵活配电网络、大规模可再生能源接入、网架结构最优化和新的电力市场模式等六项重点建设内容，在此基础上建立指标体系评估智能电网的收益水平。欧洲学者在衡量和评价欧盟智能电网建设的综合效益水平时，结合欧盟对智能电网的发展目标和要求，以及智能电网可能带来的潜在收益，构建具体的评价指标。国内学者如陈守军等（2013）从环境效益、经济效益、社会效益和安全性四方面对智能电网的综合效益进行评价。谭伟等（2010）从低碳的角度评价了智能化产生的效益，从发电、输电、配电、用电等具体环节出发构建了一套低碳指标体系，来反映智能电网的低碳化发展水平。贺静等（2013）初步构建了智能电网综合评估指标体系，包括智能电网发展水平和智能电网效果影响两个方面，并且采用模糊层次分析法进行综合评估。

6.2.1.3　投入产出评价

投入产出视角不仅在评价企业信息化和数字化方面应用广泛，同样也体现在对智慧城市等项目的评价研究上。崔璐和杨凯瑞（2018）从智慧城市建设的投入要素和产出成果两个方面评价智慧城市的建设效率。评价体系中的投入要素包括人力资本、基础设施和资金投入，核心产出成果包含智慧政务、智慧经济、智慧生活和智慧人文素养等方面。刘思等（2017）在评价社区服务设施智慧管理时，设计了空间选址分布、功能设施条件、运营发展模式、管理服务水平和居民满意程度五个维度对沈阳市智慧社区的试点建设情况进行综合评价。

6.2.2　工程项目智慧化管理相关评价研究

工程项目智慧化管理模式的发展也起源于工程项目信息化管理。在工程建设项目信息化管理的评价上，大多数评价指标也是按照投入产出理论构建的，例如李万庆和严冠卓（2007）在构建建筑施工企业信息化水平的综合评价指标体系时，涵盖了信息化战略、基础设施、应用状况、人力资源和经济效益五个一级指标。张健（2011）在衡量大型建筑施工企业的信息化水平时选取硬件设施、信息化人才、信息化组织机构、信息化效用、信息化软件系统这五个方面作为评价维度，构建相应的评价指标体系。李鹏飞（2013）从宏观和微观两个角度构建指标体系来评价我国工程项目的信息化水平，该体系的一级指标分别为硬软件保障水平、信息化组织水平、信息技术应用与盈利水平，信息化能力水平，同时采用层次分析法确定权重，模糊综合评价法进行综合评价。魏子惠和苏义坤（2016）在深入研究国内外建筑信息化成果之后，构建了一套包括前期策划与设计、建造、管理与效益三个阶段的工业化建筑建造评价体系。

前文有学者提出了建立数字化成熟度模型评价企业的数字化能力。同样，在工程建设项目的信息化平台建设方面，也有学者应用成熟度理论来评价建筑工程项目的信息化水平。Chen 等（2013）利用软件管理能力成熟度模型（CMM），结合建筑工程项目的特点，设计了建设项目管理信息化（CPMI）的成熟度标准和多指标的 CPMI 评价模型，同时采用熵权模糊综合评价法进行评价。范滕滕（2018）在建立工程项目信息化管理评价指标体系时，借鉴软件管理能力成熟度模型，以技术指标、管理指标和成效指标为一级指标，构建了一个完整的工程项目信息化管理成熟度评价体系。

在工程建设项目智慧化管理的评价上，既可以从智慧施工、智慧管理、智慧集成三个大的方面来评价智慧建造的水平，也可以从核心能力、智慧建造、配套能力、保障措施等四个方面分析工程项目承包商的智慧建造能力（姚辉彬，徐友全，2018）。在构建智慧建造能力评价体系时，一级指标可以从技术应用现状、智慧施工方案、施工区智能化、企业后勤保障四个层面考虑。

6.2.3 小 结

通过以上对智慧化建设评价体系的整理，可以看出目前对智慧化建设的评价集中于智慧城市、智慧社区、智慧电网等项目，并且评价思路与企业信息化、数字化管理水平相差不大，有些评价建立了多个维度，旨在评价智慧化的应用水平，有些评价则重点评价智慧化带来的效益，而一些评价综合考虑了投入、应用与产出，围绕智慧化管理的建设环境、智慧化的应用水平及其产生的效益进行评价。而对工程项目信息化和智慧化管理评价，同样包括基础设施建设、应用水平以及最后的应用效果等方面。在指标设计时侧重于从多个角度评价信息化和智慧化的应用效果。

由于智慧管理水平的评价研究较少，目前的评价指标不够完善，也缺乏相应的代表性。总的来说，这些研究为本书设计评价体系提供了思路，即主要从技术投入、管理过程以及管理成效三个方面构建评价模型，并且引入成熟度模型进行评价。

6.3　评价方法

对于一个复杂项目的评价，需要制定多指标的综合评价方法，而且评价指标的权重系数将直接影响综合评价的结果。按照权重系数产生方法的不同，可以分为主观赋权法、客观赋权法（见表 6–1）。

表 6–1　主观赋权法和客观赋权法的比较

类别	方法名称	方法描述及适用性
主观赋权法	专家调查法	围绕某一主题或问题，多轮次地征询领域内的专家或权威人士的意见和看法。早期应用于技术开发预测，这种方法比较适用于数据缺乏或者非技术因素起主要作用的情况
	层次分析法	围绕需要解决的问题，把问题的构成因素按照关联关系进行归类，划分成自上而下且上层对下层有支配作用的关系层，从而使评价目标具有层次性和系统性。适用于具有分层交错评价指标的目标系统，而且目标值又难于定量描述的决策问题
	环比评分法	评价者依次比较相邻两个评价指标的重要程度，给出重要度值，然后令最后一个指标的重要度值为 1，逐个修正各指标重要性比值，最后进行归一化处理，得到指标的权重系数。该方法适用于各个评价对象之间有明显的可比关系，能直接对比，并能准确地评价功能重要程度
客观赋权法	变异系数法	评价指标的偏离平均水平越大，变异程度越大，则权重相应也越大

续表

类别	方法名称	方法描述及适用性
客观赋权法	熵值法	熵值法是一种依托于数据本身的客观权重赋值方法，通过熵值来判断某个指标的离散程度。指标的离散程度越大，该指标对综合评价的影响越大，应当赋予的权重也越高。适用于业务经验不会使权重发生失真的情况，否则需要结合专家打分或评判
	主成分分析法	对多种实际的原始数据样本进行降维处理，找出其中几个对评价目标有最大影响的综合指标，需要较大的样本量
	神经网络分析法	通过分析投入产出的比率对同类型单位进行有效性评价，适用于投入和产出较多的复杂系统

主观赋权法是根据决策者（专家）主观上对各属性的重视程度来确定属性权重的方法。常用的主观赋权法有专家调查法、层次分析法、环比评分法等。主观赋权法是人们研究较早、应用较为成熟的方法，其优点是可以根据实际决策的问题和专家自身的知识经验合理地确定各权重的排序，因此一般不会出现属性权重与属性实际重要程度相悖的情况。但缺点是评价结果具有较强的主观随意性，客观性较差。

客观赋权法是根据指标可以反映的信息多少对指标进行赋权，具体通过比较指标在不同评价对象上的指标数值的信息含量或者变化大小来确定指标权重。常用的客观赋权法有变异系数法、熵值法、主成分分析法、神经网络分析法等。客观赋权法的主观随意性小，决策或评价结果具有较强的数学理论依据。但这种方法过于依赖客观数据，忽略了专家经验，可能会出现权重分配结果与实际情况相悖的现象。而且客观赋权法对样本数据的要求较高，缺乏通用性。

组合赋权法是将主观赋权法和客观赋权法得到的指标权重按照一定的方法进行组合，使指标权重既能体现主观偏好，又能反映客观信息，从而使得评价结果更加科学合理。

在确定了权重之后，即可进行综合评价。常用的综合评价方法包括主成分分析法、数据包络分析法、模糊评价法等。

主成分分析法旨在利用降维思想，把多个变量转化为少数几个综合指标，即主成分。这些综合指标均能够反映原始变量的大部分信息，每个主成分之间是相互独立的，即每个主成分所包含的信息是不重复的。

数据包络分析法是根据多项投入指标和多项产出指标，利用线性规划的方法，对具有可比性的同类型单位进行相对有效性评价的一种数量分析方法。主要应用于多种方案之间的相对有效性评价，但其仅限于具有多输入和多输出的对象系统。数据包络分析法的优点在于，它既能够判断决策单元的相对有效性，还能有针对性地给出决策单元的改进信息，同时由于该方法求解的最终变量是权重，避免事先人为设定权重，使评价结果相对更具客观性。

模糊综合评价法是借助模糊集和隶属度函数从多个方面评价事物的隶属等级状况。当评价指标具有模糊性，难以用好或不好来描述时，模糊综合评价法能够根据模糊数学中的隶属度理论，把受多种因素制约的对象的定性评价转化为定量评价。

由于输变电工程项目智慧管理水平的评价过程复杂，难以获取定量数据，基本上需要专家利用经验进行评判。因此，本书运用层次分析法确定指标权重，同时考虑到评价可能存在的模糊性，结合模糊综合评价法进行综合评价，把受多种因素制约的对象的定性评价转化为定量性价，减少主观臆断带来的弊端。

6.4　输变电工程项目智慧管理评价体系的构建

为了推动智慧管理的发展，制定一套有效的评价指标体系显得尤为重要。建立一套完整的评价指标体系是一项复杂的系统工程，为了使评价过程达到预期的质量和效果，必须选择先进的评价理论作为指导方针，以科学的评价方法为手段，从多个角度和层次对评价因素进行分解，最终建立合理有效的评价指标体系。

前文对输变电工程建设项目智慧管理体系的架构和应用做了具体介绍，

为了使研究更科学，需要进一步对输变电工程建设项目管理的智慧化水平进行量化研究。本节拟建立智慧管理评价模型，应用模型评价输变电工程建设项目的智慧管理水平，然后应用成熟度模型评价其智慧管理成熟度。

评价模型的建立分三步，首先是建立输变电工程建设项目智慧管理的评价指标体系，其次是采用层次分析法对指标进行赋权，最后是结合模糊综合评价法评价其成熟度。

6.4.1 评价指标体系构建

在梳理企业数字化能力的评价研究之后，发现多侧重于数字化建设过程的投入、数字化技术应用的表现以及成效方面。工程项目管理的智慧化评价应当侧重于智能化技术应用于作业过程所带来的改变，如改善施工质量、提升施工效率、加快信息收集和传递速度从而提高协同效率。因此借鉴学者对工程项目信息化管理成熟度的评价研究，本书主要从技术投入、管理过程和管理成效三个方面评价输变电工程项目的智慧管理水平。

因此，本书构建如图 6–1 所示的输变电工程项目智慧管理评价模型，即从技术投入、管理过程和管理成效三个方面进行输变电工程项目智慧管理水平的评价。在此基础上，结合国内外对评价指标体系的研究，对各级指标进行细化（见表 6–2）。

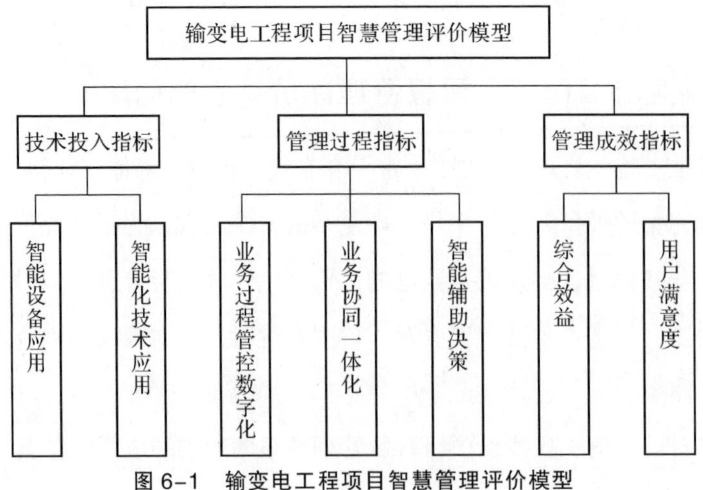

图 6–1 输变电工程项目智慧管理评价模型

表 6-2　输变电工程项目智慧管理评价指标体系

类别	一级指标	二级指标
技术投入指标 A	智能设备应用 A_1	A_{11} 现场人员监测
		A_{12} 施工设备监测
		A_{13} 数据传输和处理
		A_{14} 智能机械设备应用
	智能化技术应用 A_2	A_{21} 物联网技术
		A_{22} 云平台技术
		A_{23} 无线通信技术
		A_{24} 图像识别技术
		A_{25} 人工智能技术
		A_{26} 大数据技术
管理过程指标 B	业务过程管控数字化 B_1	B_{11}GIM 模型构建
		B_{12} 人员管理
		B_{13} 设备管理
		B_{14} 施工进度管理
		B_{15} 施工现场安全监控
		B_{16} 施工现场环境监测
	业务协同一体化 B_2	B_{21} 跨专业业务部门数据集成
		B_{22} 项目各方数据共享
		B_{23} 项目全过程管理系统
	智能辅助决策 B_3	B_{31} 工程项目智能设计
		B_{32} 施工方案智能优选
		B_{33} 工程造价智能分析
		B_{34} 工程质量智能监测
		B_{35} 安全风险智能预警

续表

类别	一级指标	二级指标
管理过程指标 B	智能辅助决策 B_3	B_{36} 进度偏差智能预警
		B_{37} 工程结算自动预警
管理成效指标 C	综合效益 C_1	C_{11} 经济效益
		C_{12} 社会效益
	用户满意度 C_2	C_{21} 监管单位用户满意度
		C_{22} 建管单位用户满意度
		C_{23} 参建单位用户满意度

6.4.1.1 技术投入指标

将技术投入指标分为智能设备应用和智能化技术应用 2 个一级指标。智能设备的装备和应用情况，是开展工程项目智慧化管理的基础，因此也是评价体系中最基本的内容。智能设备应用和智能化技术应用分别评估硬件设施和智能技术对现有业务架构的覆盖率以及支持情况。

（1）智能设备应用

智能设备应用包括现场人员监测、施工设备监测、数据传输和处理、智能机械设备应用 4 个二级指标。对施工现场的人员、施工设备的监测设备的安装完备情况和应用情况，对数据传输、储存和处理等过程的智能化硬件配备情况，以及对智能机器人等智能机械设备的配备和应用情况进行评价。

（2）智能化技术应用

智能化技术应用包括物联网技术、云平台技术、无线通信技术、图像识别技术、人工智能技术、大数据技术 6 个二级指标。分别从这些智能化技术手段的投入应用情况进行评价。

6.4.1.2 管理过程指标

管理过程指标包括业务过程管控数字化、业务协同一体化和智能辅助决策 3 个一级指标。

（1）业务过程管控数字化

业务过程管控数字化评价侧重于项目现场施工层面，包括构建 GIM 模型，以及在工程建设过程中对施工现场进行数字化监控。包括 GIM 模型构建、人员管理、设备管理、施工进度管理、施工现场安全监控、施工现场环境监测 6 个二级指标。

（2）业务协同一体化

业务协同一体化评价侧重于项目全过程管理系统的建设，各部门系统数据的互联互通、在线协同能力以及建管单位、监管单位和参建单位（包括设计单位、监理单位、施工单位等）三方数据的共享。因此，设立跨专业业务部门数据集成、项目各方数据共享、项目全过程管理系统 3 个二级指标。

（3）智能辅助决策

智能辅助决策，即智能设计施工方案及通过模拟施工方案推演最优施工方案，智能分析工程造价和智能监测工程质量，以及对进度偏差和安全风险的智能预警等。因此，设立工程项目智能设计、施工方案智能优选、工程造价智能分析、工程质量智能监测、安全风险智能预警、进度偏差智能预警、工程结算自动预警 7 个二级指标。

6.4.1.3　管理成效指标

管理成效指标包括综合效益和用户满意度 2 个一级指标。

（1）综合效益

综合效益包括经济效益和社会效益 2 个二级指标。经济效益，指智慧管理过程中产生的经济效益和项目价值，主要表现在有效降低管控成本，以及对工程质量和进度的管控。一方面，包括对项目本身成本的降低，通过缩短工程周期、减少返工次数、智能比对工程造价等来控制项目的成本；另一方面，通过优化业务流程，提高各部门工作效率，从而降低项目全过程的成本，提高利润收益，优化资源配置。社会效益，主要表现在项目作业过程中的安全施工和绿色施工。包括提升风险预控能力，提高对现场人员及设备的风险预警和管控水平，以及践行可持续发展理念，合理高效地利用资源，保护环境，提升工程绿色施工水平。

（2）用户满意度

用户满意度指的是项目各方人员对智慧管理系统运作的体验及感受，包括监管单位、建管单位以及参建单位等部门用户的使用感受，主要包括对管理工作效率和质量的提升、使用便捷性等方面。

6.4.2 指标权重确定

6.4.2.1 层次分析法

确定指标权重常用的方法有主观赋权法、客观赋权法及其组合。由上节可知，学术界关于智慧化评价体系的研究较少，较难获得客观、准确的数据，客观赋权的方法难以操作，因此本书采用主观赋权法中的层次分析法来分析难以完全用定量方式进行分析的复杂问题。Satty 于 1977 年发明层次分析法后，由于它同时具有多种科学合理的特性而被众多学者利用在研究中（邓雪，李家铭，曾浩健，等，2012）。层次分析法不仅具有实用性高、易操作的特点，同时它具有良好的系统性和清晰的逻辑性。基于本书研究对象的特点，决定采用层次分析法来确定输变电工程项目智慧化管理评价指标的权重，具体流程和步骤如下。

（1）建立层次结构模型

首先依据已建立的评价体系，将被评价体系分为目标层、准则层及指标层 3 个层次，其中指标层根据实际情况和需要还可继续向下划分为一级指标、二级指标甚至三级指标等，随后依据上述 3 个层次建立结构模型。

（2）建立判断对比矩阵

为了减少人的主观影响带来的结果不确定性，需对每一级的所有元素进行同等标准下的两两比较，所采用的量化比较打分标准见表 6-3。

表 6-3　判断矩阵标度及其含义

a_{ij} 赋值	含义
$a_{ij}=1$	元素 i 与元素 j 对上一层次因素的重要性相同
$a_{ij}=3$	元素 i 比元素 j 略重要
$a_{ij}=5$	元素 i 比元素 j 明显重要
$a_{ij}=7$	元素 i 比元素 j 重要得多
$a_{ij}=9$	元素 i 比元素 j 极其重要
$a_{ij}=1/3$	元素 i 比元素 j 稍不重要
$a_{ij}=1/5$	元素 i 比元素 j 明显不重要
$a_{ij}=1/7$	元素 i 比元素 j 不重要得多
$a_{ij}=1/9$	元素 i 比元素 j 极其不重要
$a_{ij}=2n$, $n=1,2,3,4$	相邻两标度之间折中时的标度

（3）层次单排序

首先，计算判断矩阵的列向量的几何平均值；其次，将其进行归一化处理；最后得到的结果 W 即为判断矩阵中元素的两两相比较之后的权重。

（4）判断矩阵的一致性

实际上，专家在对指标进行两两比较时可能会得出不一致的结论，所以有必要对已存的判断矩阵进行一致性检验以保证指标权重的合理性。学术界一般以 CR 作为判断矩阵一致性的标准，CR 为一致性指标 CI 和平均随机一致性指标 RI 的比值。若 CR ＜ 0.1，表明矩阵符合要求，无须修改；否则，应请专家再次修正判断矩阵，以使计算结果 CR ＜ 0.1。CR 的计算公式如式（6.1）所示，CI 计算公式如式（6.2）所示，RI 值与矩阵阶数有关具体数值如表 6–4 所示。

$$CR=\frac{CI}{RI}=\frac{\lambda_{\max}-n}{(n-1)\,RI}<0.1 \tag{6.1}$$

$$\mathrm{CI}=\frac{\lambda-n}{n-1} \tag{6.2}$$

表 6-4 判断矩阵平均随机一致性指标 RI 值

矩阵阶数	1	2	3	4	5	6	7	8	9	10
RI	0.00	0.00	0.58	0.90	1.12	1.24	1.32	1.41	1.45	1.49

（5）计算合成权重

合成权重的计算应该由上至下，用上一层各要素的组合权重为权数，对本层次各要素的相对权重向量进行加权求和，进行层次总排序，得出各层次要素相对于系统总体目标的组合权重。

6.4.2.2　评价指标的权重计算

Yaahp（Yet Another Ahp）是目前较成熟的层次分析法专业软件，本书将利用该软件对输变电工程项目智慧化管理评价指标的权重进行计算，具体过程按照层次分析法步骤完成。

（1）建立层次结构模型

根据评价指标体系在 Yaahp10.5 软件中构建层次结构模型。

（2）建立判断矩阵

利用软件根据层次结构模型自动生成专家判断矩阵调查表，将调查表导出发送给 5 位企业内部和外部的相关专业人员，邀请他们对输变电工程项目智慧化管理评价体系中的各级指标进行重要性判断。

（3）层次单排序，一致性检验

将 5 位专业人员对指标的重要性判断矩阵数据进行收集整理，一一导入 Yaahp10.5 软件，软件通过 5 位专业人员的判断矩阵数值可以直接计算得出层次单排序 W 的数值结果和 CR。首先检验每位专业人员各个矩阵的一致性，若存在 CR 不符要求的矩阵，则需要通过修正矩阵使赋值趋于统一。以专业人员 1 为例，计算其各个矩阵的一致性，详见表 6-5 至表 6-11。

表 6–5　专业人员 1 智能设备应用判断矩阵

评价指标	判断矩阵	λmax	一致性检验
现场人员监测 施工设备监测 数据传输和处理 智能机械设备应用	$\begin{bmatrix} 1 & 1 & 1 & 1/2 \\ 1 & 1 & 1 & 1/2 \\ 1 & 1 & 1 & 1/2 \\ 2 & 2 & 2 & 1 \end{bmatrix}$	4.000	CR=0.000<0.1，通过一致性检验

表 6–6　专业人员 1 智能化技术应用判断矩阵

评价指标	判断矩阵	λmax	一致性检验
物联网技术 云平台技术 无线通信技术 图像识别技术 人工智能技术 大数据技术	$\begin{bmatrix} 1 & 1 & 1 & 1 & 1/3 & 1/2 \\ 1 & 1 & 1 & 1 & 1/3 & 1 \\ 1 & 1 & 1 & 1 & 1/3 & 1 \\ 1 & 1 & 1 & 1 & 1/3 & 1 \\ 3 & 3 & 3 & 3 & 1 & 3 \\ 2 & 1 & 1 & 1 & 1/3 & 1 \end{bmatrix}$	6.0547	CR=0.0657＜0.1，通过一致性检验

表 6–7　专业人员 1 业务过程管控数字化判断矩阵

评价指标	判断矩阵	λmax	一致性检验
人员管理 GIM 模型构建 设备管理 施工进度管理 施工现场环境监测 施工现场安全监控	$\begin{bmatrix} 1 & 1/3 & 1 & 1 & 1 & 1 \\ 3 & 1 & 3 & 3 & 3 & 3 \\ 1 & 1/3 & 1 & 1 & 1 & 1 \\ 1 & 1/3 & 1 & 1 & 1 & 1 \\ 1 & 1/3 & 1 & 1 & 1 & 1 \\ 1 & 1/3 & 1 & 1 & 1 & 1 \end{bmatrix}$	6.0000	CR=0.0000<0.1，通过一致性检验

表 6–8　专业人员 1 业务协同一体化判断矩阵

评价指标	判断矩阵	λmax	一致性检验
跨专业业务部门数据集成 项目各方数据共享 项目全过程管理系统	$\begin{bmatrix} 1 & 3 & 1 \\ 1/3 & 1 & 1/3 \\ 1 & 3 & 1 \end{bmatrix}$	3.0000	CR=0.0000<0.1，通过一致性检验

表 6-9　专业人员 1 智能辅助决策判断矩阵

评价指标	判断矩阵	λmax	一致性检验
工程造价智能分析 工程项目智能设计 施工方案智能优选 工程质量智能监测 安全风险智能预警 进度偏差智能预警 工程结算自动预警	$\begin{bmatrix} 1 & 1 & 1 & 1/2 & 1/3 & 1 & 3 \\ 1 & 1 & 1/2 & 1 & 1/3 & 1 & 3 \\ 1 & 2 & 1 & 1/2 & 1/3 & 1 & 3 \\ 2 & 1 & 2 & 1 & 1/2 & 2 & 3 \\ 3 & 3 & 3 & 2 & 1 & 3 & 3 \\ 1 & 1 & 1 & 1/2 & 1/3 & 1 & 3 \\ 1/3 & 1/3 & 1/3 & 1/3 & 1/3 & 1/3 & 1 \end{bmatrix}$	7.2526	CR=0.0310<0.1，通过一致性检验

表 6-10　专业人员 1 综合效益判断矩阵

评价指标	判断矩阵	λmax	一致性检验
经济效益 社会效益	$\begin{bmatrix} 1 & 1 \\ 1 & 1 \end{bmatrix}$	2.0000	CR=0.0000<0.1，通过一致性检验

表 6-11　专业人员 1 满意度判断矩阵

评价指标	判断矩阵	λmax	一致性检验
监管单位用户满意度 建管单位用户满意度 参建单位用户满意度	$\begin{bmatrix} 1 & 1 & 1 \\ 1 & 1 & 1 \\ 1 & 1 & 1 \end{bmatrix}$	3.0000	CR=0.0000<0.1，通过一致性检验

由上可知，专业人员 1 的所有判断矩阵都通过了一致性检验，随后对其余 4 位专业人员的判断矩阵一致性进行了检验，并将其中不满足一致性检验的矩阵进行了调整和修正，最后 5 位专业人员的判断矩阵均通过了一致性检验。

（4）综合权重计算

5 位专业人员判断矩阵通过一致性检验后，利用 Yaahp10.5 对判断矩阵进行集结，并按照判断矩阵数据数值平均法计算得到最后的输变电工程项目智慧管理评价指标权重，如表 6-12 所示。

表 6-12　输变电工程项目智慧化管理评价指标权重汇总

类别	指标	权重
技术投入指标（0.1186）	A_1 智能设备应用	0.0452
	A_{11} 现场人员监测	0.0090
	A_{12} 施工设备监测	0.0090
	A_{13} 数据传输和处理	0.0090
	A_{14} 智能机械设备应用	0.0182
	A_2 智能化技术应用	0.0734
	A_{21} 物联网技术	0.0083
	A_{22} 云平台技术	0.0091
	A_{23} 无线通信技术	0.0091
	A_{24} 图像识别技术	0.0091
	A_{25} 人工智能技术	0.0273
	A_{26} 大数据技术	0.0105
管理过程指标（0.4179）	B_1 业务过程管控数字化	0.1005
	B_{11}GIM 模型构建	0.0375
	B_{12} 人员管理	0.0126
	B_{13} 设备管理	0.0126
	B_{14} 施工进度管理	0.0126
	B_{15} 施工现场安全监控	0.0126
	B_{16} 施工现场环境监测	0.0126
	B_2 业务协同一体化	0.1518
	B_{21} 跨专业业务部门数据集成	0.0650
	B_{22} 项目各方数据共享	0.0218
	B_{23} 项目全过程管理系统	0.0650
	B_3 智能辅助决策	0.1656

续表

类别	指标	权重
管理过程指标(0.4180)	B_{31} 工程项目智能设计	0.0192
	B_{32} 施工方案智能优选	0.0211
	B_{33} 工程造价智能分析	0.0185
	B_{34} 工程质量智能监测	0.0296
	B_{35} 安全风险智能预警	0.0502
	B_{36} 进度偏差智能预警	0.0185
	B_{37} 工程结算自动预警	0.0085
管理成效指标(0.4635)	C_1 综合效益	0.2922
	C_{11} 经济效益	0.1461
	C_{12} 社会效益	0.1461
	C_2 用户满意度	0.1713
	C_{21} 监管单位用户满意度	0.0571
	C_{22} 建管单位用户满意度	0.0571
	C_{23} 参建单位用户满意度	0.0571

6.4.3 成熟度模糊综合评价

6.4.3.1 模糊综合评价法

模糊综合评价法是一种基于模糊数学的综合评价方法，应用模糊关系合成的原理，将一些边界不清、不易定量的因素定量化，进行综合评价。该综合评价法根据模糊数学的隶属度理论把定性评价转化为定量评价，即用模糊数学对受到多种因素制约的事物或对象做出一个总体的评价（韩利，梅强，陆玉梅，等，2004）。较之其他评价方法，模糊综合评价方法概括性强、计算能力强，能够将一些难以量化的指标通过隶属度理论进行模糊量化，精确传达更多的评价信息，并能灵活选择独立的赋值方法。其特点是评价结果不是绝对地肯定或否定，而是以一个模糊集合来表示。

6.4.3.2　成熟度等级划分

成熟度模型能够有效评估研究对象的成熟度水平，软件能力成熟度模型（CMM）是最早的、用来评价软件承包能力并帮助其改善软件质量的一个成熟度模型，侧重于软件开发过程的管理及工程能力的提高与评估。CMM 模型分为 5 个等级，由低到高分别为初始级、可重复级、已定义级、已管理级和优化级（Humphrey,1987；郑人杰，2003）。借鉴 CMM 模型，结合输变电工程项目的特点，本书建立了一套适用于输变电工程项目智慧化管理的成熟度模型，包括初始级、技术支撑级、规范级、综合集成级、优化级 5 个级别。通过评价结果，一方面，可以比较完整地反映输变电工程项目智慧化管理建设的优劣水平，以此制定改进的方法及策略；另一方面，该标准也可以作为衡量不同工程项目智慧化管理实现程度的评价标准，为之后工程项目管理智慧化发展提供参考，并通过不断的努力去达到更高的成熟等级。

（1）初始级

初始级的软件过程是随意的未经加工的过程，过程无序、混乱，进度、预算、功能和质量不可预测。对于输变电工程项目来说，初始级意味着此时的管理模式依照传统的管理模式，其管理方法和手段还比较落后，信息化管理意识淡薄，信息化管理处于起步阶段。

（2）技术支撑级

这一级别对应于 CMM 的可重复级，指软件开发过程管理呈现制度化、有纪律和可重复。在输变电工程项目管理过程中，这一阶段是指管理人员意识到了数字化技术的重要性，开始对智能设备和数字化管理技术等方面进行大力地建设和投入，并且在智能化应用方面产生了一定的效果。例如，解决了传统工程项目管理中的一些难点问题，包括对工程项目的成本、进度和质量的监督，以及对施工过程的动态监控。

（3）规范级

这一级别对应于 CMM 的已定义级，指软件开发过程在管理方面和技术方面都已经实现了标准化与文档化，建立了完善的培训制度和专家评审制度，全部技术活动和管理活动均可控制，对项目进行中的过程、岗位和职责均有共同的理解。在输变电工程项目管理过程中，这一阶段的管理模式已经由传统的管理模式升级到了智慧管理模式，此时的智能化信息技术和设备的应用更加规范，管理模式更加高级，管理过程更加精准，实现了对“人、机、料、法、环”的全要素、全方位实时精准管控。

（4）综合集成级

这一级别对应于 CMM 的已管理级，量化管理是该级别最大的特征，处于这个级别的组织对于软件过程和产品质量制定了详细且具体的度量标准，因此，组织对软件过程和产品质量是可控的。在输变电工程项目管理过程中，这一阶段不仅形成了智慧化的管理模式，还形成了全过程的智慧化集成。例如，工程造价从估算、概算、预算到结算等阶段数据的整合与集成；过程项目从前期立项到工程施工再到工程竣工整个过程产生的信息进行高效的传递与共享，从而实现跨单位、跨部门、跨专业的资源共享和协同增效。

（5）优化级

在 CMM 中，这一级别又叫持续改进级，指通过采用新技术、新方法来识别软件过程中的不足，对软件过程进行持续性改进，有效预防过程缺陷的出现。这一阶段对输变电工程项目而言，就是随着管理理念和智能技术的不断提高，智慧化管理过程、管理模式和综合集成应用等方面也得到不断的完善。通过对来自新概念和新技术方面的各种有用信息的定量分析，坚持不断、持续性地对智慧化过程进行改进，达到一个持续改进的境界。不仅可以提前预防缺陷的发生，找出自身的缺陷，而且当缺陷出现时，可以及时找出原因，防止再次发生。

6.4.3.3　输变电工程项目智慧化管理成熟度模糊评价过程

由于以往相关研究较少，考虑到编者并不能完全客观地认识和了解输变电工程项目智慧化管理的内涵和过程，加之研究变量之间的关系较为复杂，存在着不确定性，并且指标体系中绝大多数评价指标属于定性指标，评价过程具有较大的不确定性，因此，本书选择模糊综合评价作为输变电工程项目智慧化管理成熟度评价的方法，其中的权重 W 采用前文通过层次分析法计算出的指标权重，整个输变电工程项目智慧化管理评价过程如图 6–2 所示。

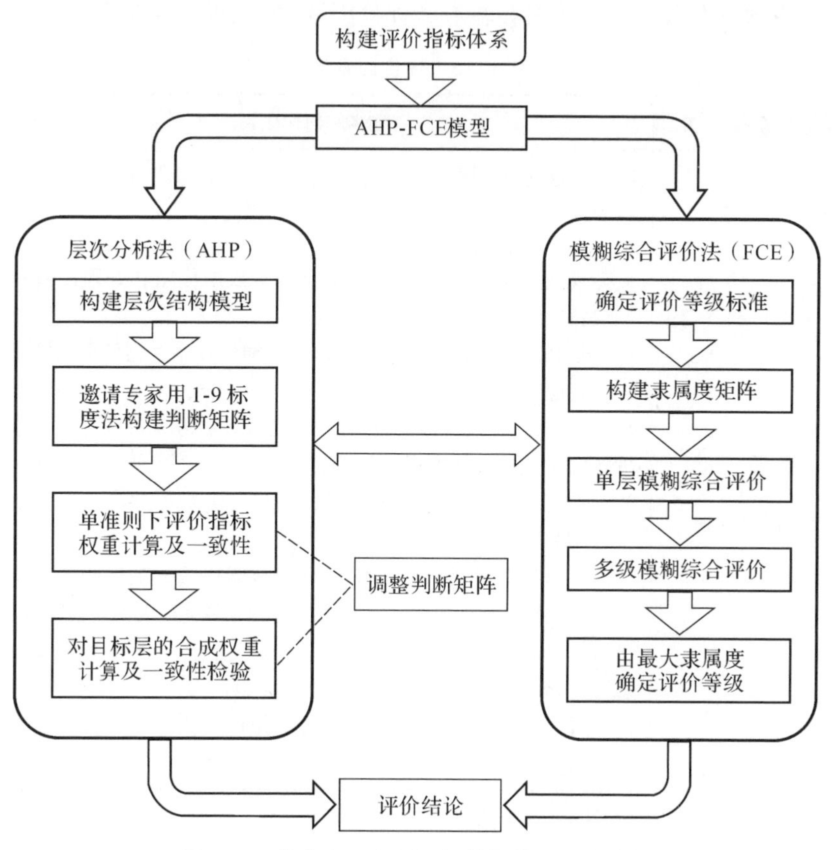

图 6–2　输变电工程项目智慧化管理评价过程

本书所构建的评价体系共分为准则层、一级指标层和二级指标层 3 个层次。在实施整个模糊评价的具体过程中，分别对二级指标层、一级指标层进行模糊综合评价，共计使用2次模糊综合评价。经过上述步骤由最大隶属度原则可以得出输变电工程项目智慧化管理成熟度评价的综合评价结论，具体过程分为5个步骤：①建立模糊综合评价因素集；②建立模糊综合评价指标权重集；③建立模糊综合评价集；④进行单因素评判，确定隶属度；⑤综合判断。

（1）建立模糊综合评价因素集

评价体系中每层指标的集合就是评价因素集，根据上文输变电工程项目智慧化管理评价体系，确定其模糊综合评价因素集，如表6-13所示。

表6-13　评价因素集

评价因素级层次	指标具体表示
一级评价因素集	R={智能设备应用，智能化技术应用，业务过程管控数字化，业务协同一体化，智能辅助决策，综合效益}
二级评价因素集	R_1={现场人员监测，施工设备监测，数据传输和处理，智能机械设备应用} R_2={物联网技术，云平台技术，无线通信技术，图像识别技术，人工智能技术，大数据技术} R_3={GIM模型构建，人员管理，设备管理，施工进度管理，施工现场安全监控，施工现场环境监测} R_4={跨专业业务部门数据集成，项目各方数据共享，项目全过程管理系统} R_5={工程项目智能设计，施工方案智能优选，工程造价智能分析，工程质量智能监测，安全风险智能预警，进度偏差智能预警，工程结算自动预警} R_6={经济效益，社会效益，用户满意度} R_7={监管单位用户满意度，建管单位用户满意度，参建单位用户满意度}

（2）建立模糊综合评价指标权重集

上节采用层次分析法计算出的各层次指标的单层权重W即为评价因素的指标权重。整理成评价指标权重集合，如表6-14所示。

表 6-14　模糊综合评价指标单层权重集

评价因素级层次	指标具体表示
一级指标权重集	W={0.0452，0.0734，0.1005，0.1518，0.1656，0.2922,0.1713}
二级指标权重集	W_1={0.0090，0.0090，0.0090，0.0182} W_2={0.0083，0.0091，0.0091，0.0091，0.0273，0.0105} W_3={0.0375，0.0126，0.0126，0.0126，0.0126，0.0126} W_4={0.0650，0.0218，0.0650} W_5={0.0192，0.0211，0.0185，0.0296，0.0502，0.0185，0.0085} W_6={0.1461，0.1461} W_7={0.0571，0.0571，0.0571}

（3）建立模糊评价集

一般情况下，评语集通常表示为 $V=\{V_1, V_2, \cdots, V_n\}$，模糊综合评价法评估等级数处于 4 ～ 7 级为最佳，本书按照惯例将指标的评价等级划分成 5 个等级，即 V={ 初始级，成长级，规范级，成熟级，优化级 }。

在合理设定评语集后，则要针对各级别设置合理的标准。通常来说，定性指标是通过被评估对象在指标中的表现与标准的对比，直接进行等级评估，再分析计算获得隶属度。定量指标则是选择合适的隶属度函数，引进指标数据，进行隶属度计算。由于本书的评价指标大多数为定性指标，难以量化，在确定隶属度时采用模糊统计法，即找多名专业人员对同一个模糊概念进行描述，用隶属频率去定义隶属度。具体计算过程如下：

若 S 名专家中有 S_1 名专家认为 R_{ij} 属于 V_1 级，S_2 名专家认为 R_{ij} 属于 V_2 级，…，S_5 名专家认为 R_{ij} 属于 V_5 级，则 R_{ij} 的隶属度矩阵为 :

$$\begin{pmatrix} \frac{S_1}{S} & \frac{S_2}{S} & \frac{S_3}{S} & \frac{S_4}{S} & \frac{S_5}{S} \end{pmatrix}$$

在确定了二级评价因素集中第 i 个评价因素的第 j 个评语的隶属度之后，建立二级评价指标的模糊综合评价矩阵：

$$R_i=\begin{bmatrix} r_{i,11} & r_{i,12} & \cdots & r_{i,1m} \\ r_{i,21} & r_{i,22} & \cdots & r_{i,2m} \\ \cdots & \cdots & \ddots & \cdots \\ r_{i,11} & r_{i,n2} & \cdots & r_{i,nm} \end{bmatrix}$$

（3）进行单因素评判，确定隶属度

根据前面计算得到的评价矩阵和指标权重，可以得到各因素指标对各评价等级的隶属度：

$$B_i=W_i\delta R_i=\begin{pmatrix}\omega_1 & \omega_2 & \cdots & \omega_n\end{pmatrix}\delta\begin{bmatrix} r_{i,11} & r_{i,12} & \cdots & r_{i,1m} \\ r_{i,21} & r_{i,22} & \cdots & r_{i,2m} \\ \cdots & \cdots & \ddots & \cdots \\ r_{i,11} & r_{i,n2} & \cdots & r_{i,nm} \end{bmatrix}=\begin{pmatrix}b_{i1} & b_{i2} & \cdots & b_{im}\end{pmatrix}$$

其中，是模糊合成算子，表示模糊评价矩阵的合成运算，通常采用加权平均型模糊合成算子；r 为评价对象对评价指标 V 的隶属度。

将隶属度 Bij 相关项目列为矩阵，可以得到模糊评价矩阵 R_i:

$$R_i=\begin{bmatrix} B_1 \\ B_2 \\ \cdots \\ B_i \end{bmatrix}=\begin{bmatrix} b_{11} & b_{12} & \cdots & b_{1n} \\ b_{21} & b_{22} & \cdots & b_{2n} \\ \vdots & \vdots & \ddots & \vdots \\ b_{i1} & b_{i2} & \cdots & b_{in} \end{bmatrix}$$

（5）　综合判断

由上文得到的一级权重向量，可计算得到评价向量 C:

$$C=W\delta R=\begin{pmatrix}\omega_1 & \omega_2 & \cdots & \omega_n\end{pmatrix}\delta\begin{bmatrix} b_{11} & b_{12} & \cdots & b_{1n} \\ b_{21} & b_{22} & \cdots & b_{2n} \\ \cdots & \cdots & \ddots & \cdots \\ b_{i1} & b_{i2} & \cdots & b_{in} \end{bmatrix}=\begin{pmatrix}c_1 & c_2 & \cdots & c_i\end{pmatrix}$$

根据最大隶属度原则，即可确定评价等级。但是在使用最大隶属度原则判断时需要使用有效性指标验证其有效性：

$$\alpha = \frac{(n\beta - 1)}{2\gamma(n-1)} \tag{6.3}$$

式中，n 为 $C=\left(c_1 \quad c_2 \quad \cdots \quad c_i\right)$ 的元素数量；β 为 $C=\left(c_1 \quad c_2 \quad \cdots \quad c_i\right)$ 的最大隶属度；γ 为 $C=\left(c_1 \quad c_2 \quad \cdots \quad c_i\right)$ 的第二大隶属度。

求得 α 值及对应有效性有以下几种情况：

① $\alpha = +\infty$，完全有效；

② $1 \leqslant \alpha < +\infty$，非常有效；

③ $0.5 \leqslant \alpha < 1$，比较有效；

④ $0 \leqslant \alpha < 0.5$，有效性低；

⑤ $\alpha = 0$，完全失效。

为确保评价的有效性，应保证 $\alpha > 0.5$，即要保证能达到“比较有效”及以上；如果 α 值过小，就需要识别和剔除少数精度较低的样本，直到 α 值大于 0.5 为止。

第 7 章　输变电工程项目智慧管理发展趋势与展望

输变电工程项目智慧管理基于泛在电力物联网的先进理念，将更多物联网技术、人工智能技术等工程项目管理的关键要素融合，实现工程进度、施工安全、专业用工、区域施工、现场环境、工器具库房、设备物资等的智慧管理，丰富工程项目的管控手段，推动基建管理多维精益管理变革，有效提升电力工程项目管理水平。但目前，输变电工程项目智慧管理的应用水平整体还不高，未来要实现高成熟度的智慧管理，还需要不断地在实践中加强先进信息技术的应用，充分发挥新兴信息技术的优势，对所采集的数据进行更智能化的处理，充分挖掘数据价值，提高输变电工程项目管理的智能化层次和水平。

7.1　新兴技术应用

当前，大数据、云计算、物联网等新一代信息技术已广泛应用于工程建设领域，带来了智慧管理水平的提升，但新一代信息技术依然处于快速发展阶段，新兴技术的应用价值也并未完全展现，未来新兴技术的技术特性和应用内容也会不断丰富。区块链、数字孪生、虚拟现实、增强现实等技术在输变电工程项目管理中的应用，将对输变电工程项目管理的创新产生更为深远的影响。

7.1.1　区块链

区块链（block chain）是分布式数据存储、点对点传输、共识机制、加密算法等计算机技术在互联网时代的创新应用模式。狭义来讲，区块链是一种按照时间顺序将数据区块以顺序相连的方式组合成的链式数据结构，是以密码学方式保证不可篡改和不可伪造的分布式账本。广义来讲，区块链技术是利用块链式数据结构来验证与存储数据、利用分布式节点共识算法来生成和更新数据、利用密码学的方式保证数据传输和访问的安全、利用由自动化脚本代码组成的智能合约来编程和操作数据的一种全新的分布式基础架构与计算范式。

诞生之初的区块链主要是单一的数字货币应用，而区块链所具有的不可篡改、不可伪造、分布式数据存储和加密算法等良好特性使得其在社会经济的其他领域同样具有相当大的应用潜力。当前，区块链的应用已经延伸到金融服务、供应链管理、文化娱乐、智能制造等多个领域。例如，在供应链领域，利用区块链所具备的数据不可篡改和时间戳的存在性证明的特质，可以解决供应链体系内各方参与主体之间的纠纷，在举证和追责等方面发挥重要作用。

区块链应用在输变电工程项目管理中的价值主要体现在以下三方面（杨伟华，汪辉，刘武念，2020）。

7.1.1.1　实现项目各参与方信息高效协同，助推行业管理水平的提高

基于区块链分布式账本技术，以共建共享原则进行全面数据归集，引入上传数据共建积分和获取数据消费积分的机制，鼓励施工方、监理方、设计方、供应商等参与方共享交换数据，实现各参与方信息的高效协同。例如，借助区块链技术，在保护项目业主隐私的情况下，将工程项目各参与方的工程进度、成本、质量、安全、环保、验收等各方面信息进行分布式数据存储，在缩短工程文档真实性确认时间的同时，能够根据区块链的可追溯性减少各方签字盖章环节，方便各项工程数据的采集和存储，提高工程项目的运作效率；也能够对数据进行快速检索、分析和处理加工，为工程项目管理提供增

值服务，进而实现工程项目的成本、质量控制和安全管理水平的整体提高。利用区块链技术将工程项目管理数据在各参与方之间进行安全高效流通和整合，也将有助于工程行业知识的积累和传递。

7.1.1.2　实现信息验证自动化，推动行业诚信环境加速形成

在区块链信息环境下，根据区块链对信息进行块链式存储的特点，从记录内容来看，工程项目业主、设计、施工分包、供货和建设行政主管单位等不同部门的项目数据都能够存储在区块链系统的各区块内，由区块连接起来的区块链包含了工程项目各方、各类数据信息，能够为进一步跨地域、跨部门、跨业务的数据联动提供支撑，实现信息资源安全高效的互通互联；从记录过程来看，工程项目的各项数据信息被参与各方上传至区块链中，便具备了与工程项目管理逻辑保持一致的有序实时记录，数据时间戳的存在能够确保数据信息的固定时序；从记录的后续保存和更新来看，区块链利用的密码学方式所产生的数据不可篡改性能够保证数据的安全性。行业监管和信用管理部门人员根据监管需要，可以从区块链网络中任意调取节点的业务数据，作为可信度高的证据来源，进行信息核验和责任追溯；在加强行业诚信方面，一旦有企业发布虚假信息，以不正当手段谋取利益，区块链会将企业的不诚信行为传达至各个端口，有效减少交易欺诈、恶性违约等现象，推动行业诚信环境的加速形成。

7.1.1.3　区块链技术提供智能合约，实现合同管理智能化

基于区块链的智能合同的实施将有力保证合同的履约，提高工程合同的有效性。智能合约是一个根据 if/then 原则运行的计算机程序，根据规则代码将项目合同的执行引入区块链中，从而实现对合约的智能管理。例如，当建设单位提交项目进度的请款报告时，工程的实际进度会按照约定的进度自动追溯。如果实际进度符合进度计划，在验证人确认质量合格的前提下，该部分进度将按照合同自动执行；否则，智能合约将不会自动接受项目请款请求。以往需要大量人工核验的工程结款支付工作，在区块链中可通过智能合约自

动完成项目数据采集、处理，账款核算、支付等工作，大大节省了人力成本，提高了效率。此外，智能合约的每一步也都被区块链中的其他阶段自动监督，当后续交易中出现索赔、事故调查等问题时，智能合约的责任条款将自动生效，督促双方履行合同，从而加强对合同履行情况的监督，提高合同履约率，并及时应对索赔要求，减少工程进度延误。

7.1.2　数字孪生

数字孪生（digital twin）是指利用物理模型、传感器更新、运行历史等数据，集成多学科、多物理量、多尺度的仿真过程，在虚拟空间中完成映射，即以数字化方式为物理实体对象创建虚拟模型，用于模拟其在现实环境中的行为。通过实测、仿真和数据分析来实现针对物理实体对象状态的实时感知、诊断及预测，通过数字孪生模型间的互相学习来进化模型自身，并通过优化指令调控物理实体对象的行为（相晨萌，曾四鸣，闫鹏，等，2021）。

数字孪生技术能够实现物理模型在数字化场景下的动态重构、过程模拟与推演分析，是助力设计施工一体化向数字化、集成化、精细化发展的必然选择。数字孪生是物理实体的数字对应物，使用传感器系统提供的实时数据来记录和分析实物资产的实时结构和环境参数，以执行高精度的数字孪生模拟和数据分析，其落地应用的首要任务是创建应用对象的数字孪生模型，其关键在于各种数字化模型模拟的虚拟系统与现实物理系统的适用性。

数字孪生的概念最早是由 Grieves 在 2003 年作为产品生命周期管理概念的一部分提出的，最初被称为“镜像空间模型”，后来确定了“数字孪生”这一概念。最终，数字孪生概念从一个产品生命周期管理工具转变为一个数字平台（Ozturk, 2021）。

从目前趋势看，数字孪生在工程项目领域的应用包括：虚拟物理建筑一体化、建筑生命周期管理、信息集成生产、基于信息的预测管理（邹湘军，孙健，何汉武，等，2004）等。

7.1.2.1 虚拟物理建筑一体化

数字孪生是一个集成平台，通过启用技术集成配备嵌入式数据，以实现大规模数据、信息和知识的管理和同步，从而以虚拟化的方式更好地分析和处理建筑生命周期数据。如BIM数字平台，通过将建筑实体进行信息化建模，纳入工程建设和标准的各项参数，以实现建筑物的工程项目管理的改善和优化，在提高整体性能的同时减少建设成本和建设时间。将虚拟信息模型与实时数据配对有助于建筑的可持续发展和整个建筑生命周期每个阶段的决策，使不同利益相关者能够在建筑的所有阶段进行互动。未来，通过数字孪生的应用来改进建筑物的生产工艺将成为趋势。

7.1.2.2 建筑生命周期管理

项目的生命周期包括建设项目的发起、设计、实施、运营维护和拆除项目生命周期管理主要是优化改进项目生产前、生产中和生产后的运作流程。在整个项目生命周期中会产生大量的数据，因此，从设计、生产、采购、资源管理、物流、维护和其他数据源收集的大数据在预测和预防性信息推送方面具有改进工程项目生命周期管理流程的巨大潜力：基于物联网技术加强数据收集，利用先进的数据分析方法进行分析和处理，如对场地及拟建的建筑物空间数据进行建模，从而形成项目理想的场地规划；对重要的施工环节或采用新施工工艺的关键部位进行模拟和分析，进行施工计划预演以提高复杂工程的可造性。项目管理贯穿整个建筑生命周期，针对它和大数据的研究涵盖了广泛领域，深入研究物联网、大数据分析和机器学习应用，从而充分利用多源大数据的价值，将成为数字孪生和建筑生命周期管理的焦点。

7.1.2.3 基于信息的预测管理

通过可靠的渠道（如BIM、数字孪生、智能传感器）持续获取工程项目数据信息并建立虚拟信息模型，可以实现有效的物体实体管理。通过在设施管理中使用人工智能来增强预测性和预防性操作、维护和监控。通过数据分析，利用在整个项目生命周期中收集的数据进行可靠的信息管理，从而实现基于信息模型的实体设施预测性管理以及基于实时数据的动态监控，降低运行和维护成本，提高管理效率。

在数字环境中将物理实体虚拟化呈现，以进行远程查看、监视和控制，将影响所有组织的日常流程和程序。通过物联网传感器和物理实体系统上的输的相关设备进行实时数据集成，通过先进的计算机制和算法对收集的数据进行组织、分析和提取，为进一步的机器学习和人工智能集成提供数据基础，以便根据项目元素状态协调与自动化数字模型对应的物理实体。

同样，数字孪生技术在输变电工程项目管理中的应用也将不断深入。作为一个物理实体的虚拟模型，数字孪生可以克服输变电工程建设中的一些复杂问题。未来可将数字孪生应用在施工进度监测、施工人员安全管理、设施监测等方面。已有研究表明，数字孪生是实现建筑业智能自动化的一条重要路径，具体到输变电工程中，发挥数字孪生在工程建设各阶段的优势，也将为有力推动输变电工程项目的智慧化管理。

7.1.3　虚拟现实与增强现实

虚拟现实（virtual reality，VR）技术是一种可以创建和体验虚拟世界的三维环境技术，通过集成先进的计算机技术、传感与测量技术、仿真技术、微电子技术等，将真实环境进行三维虚拟模拟，并基于多源信息融合产生逼真的视、听、触、力等感官体验和实体行为的系统仿真，用户能够以自然的方式与虚拟环境中的物体进行交互，扩展了人类认识、模拟和适应世界的能力。

与虚拟现实技术叠加虚拟信息和虚拟环境的可视化方式不同，增强现实（augmented reality，AR）技术使用真实环境，通过实时计算摄像机图像的位置和角度，并将相应的图像、视频和3D模型等虚拟信息叠加在真实环境中，从而将虚拟模型和现实世界结合起来，并在屏幕上进行交互，使用户能在一个界面同时获取虚拟信息和现场真实环境的信息，给用户呈现增强的视觉体验和更为真实的环境感知。

虚拟现实技术兴起于20世纪60至70年代，发展于90年代，在仿真训练、工业设计、交互体验等多个应用领域解决了一些重大或普遍性需求（周忠，周颐，肖江剑，2015）。当前，虚拟现实技术已经在教育、军事、医药、电子等各个领域中广泛应用。如在智慧城市的应用中，基于计算机、多媒体和大规模存储技术，综合运用3S技术、遥测、仿真—虚拟现实技术等对城市进行多分辨率、多尺度、多时空和多种类的三维描述，从而对城市地形地貌、城市道路、建筑、交通、水域等城市建设进行模拟和表达（吴凯，郑钢，刘磊，2013）。

增强现实技术将虚拟数字信息与现实环境相叠加，增强用户对现实世界事物的感知，从而改善人与现实交互的方式，实现实时信息的动态展示与交互，有效解决众多行业痛点。如在工业领域，在复杂机械装配和检修中使用增强现实技术可实现装配过程的虚拟化，通过将虚拟的零部件模型信息与现实相结合，配以文字说明、动画展示，可直观形象地展现装配、检修过程，增强复杂工艺的可操作性，降低工作难度，提高工作效率。近年来，华菱湘钢“5G＋AR跨国远程协同解决方案”、海尔集团“AR智慧工厂”等大型企业集团的AR工业化应用已成功实现落地，从生产装配、巡检质检到远程运维，已形成了完整、可复制的AR解决方案。

虚拟现实技术和增强现实技术在输变电工程项目管理中的应用价值也不断得到体现——基于动态的模型交互和人机交互，显著提高工程项目全过程管理效率。输变电工程建设中采用虚拟现实技术，能够将各种工程规划设计的方案与现实环境相结合，通过有效的模型交互，考察加入规划方案后对现实环境的影响，评价方案的合理性，以便更好地改进设计和施工方案，开展准确的施工检查。基于虚拟体验的安全培训通过建立更加真实的虚拟现实环境，能够有效展现项目施工运行过程中的真实情况，加强工作人员的真实感受，从而有效展现工作过程中的交互性，充分发挥培训的目的与价值，促进培训活动效果的提升。此外，对紧急情况和疏散过程进行模拟演练，也为改进应急预案提供了辅助。

将虚拟数字信息与现实世界相叠加，可增强对工程动态变化的分析能力。例如，在输变电工程建设中，借助虚拟现实技术，可以在三维虚拟环境中对施工方案、结构计算和特种设施机械等进行具象化建模（三维虚拟模型），形成基于计算机的、具有动态性能的仿真模型，并对系统中的模型进行虚拟装配，根据虚拟装配的结果，在人机交互的可视化环境中对工程建设方案进行修改。利用增强现实技术，将虚拟数字信息与项目实施的现实环境相叠加，为项目管理、施工和监理过程带来多样化的人机交互体验，在施工项目进度管理中通过直观的在建状态与竣工状态的视觉比较进行进度管理，以数字信息实时指导现实工作，以现实情况及时调整数字模型，提高可视性、实时性和交互性。

7.1.4　“BIM +”技术

BIM 技术的理念是建立涵盖建筑工程全生命周期的模型信息库，并实现各个阶段、不同专业之间基于模型的信息集成和共享。在电网工程建设中，BIM 技术在提高工程量统计精确性、施工组织的合理性以及施工过程管理和工程质量管控等方面具有一定的应用优势（姜维杰，林立波，徐斌，等，2019）。随着应用的逐步深入，BIM 技术与其他信息技术或应用系统进行集成，形成“BIM +”的应用生态，融合不同技术各自优势，以期发挥更大的综合价值，成为 BIM 技术的发展趋势。

7.1.4.1　BIM + VR

将 BIM 技术与虚拟现实（VR）技术进行集成，可以利用 BIM 的模型信息库，辅助虚拟现实技术更好地实现工程项目全生命周期管理，在虚拟场景构建、施工进度模拟、复杂局部施工方案模拟、施工成本模拟、多维模型信息联合模拟以及交互式场景漫游等方面展现了应用的价值和潜力。

“BIM + VR”技术应用到工程中，可创造更加具象的可视化虚拟体验。基于虚拟现实技术来承载 BIM 模型及其各构件属性信息，能够发挥虚拟现实技术的优势，使 BIM 模型呈现的效果更加具象。同时对施工现场周边进行实景建模，虚拟成真实的施工场景，将工程 BIM 模型搭载 VR 沉浸式体验，从空间关系、融入构件信息到交互式体验等方面，从总体到局部，实现更具意义的可视化虚拟体验。

“BIM + VR”技术集成应用，可提高模拟的真实性。使用虚拟现实技术将虚拟的工程信息模型以更真实的状态予以展示，并结合 BIM 模型信息，将任意相关信息模型整合到虚拟场景中，进行多维模型信息联合模拟，可以从任意视角，实时查看各种信息与模型的关系，从而更好地指导设计、施工，辅助监理、监测人员开展相关工作。“BIM + VR”所创造的真实性也将改变以往的培训方式，技术人员在自己熟悉的虚拟场景中进行有效的 VR 安全培训，比常规安全培训具有更强的导入感，有效达到培训效果。

“BIM + VR”技术集成应用，可提高模拟工作中的可交互性。在构建的虚拟三维场景中，将不同的施工方案在 VR 模式下进行逼真的动态模拟，并实时切换和对比，真实直观地对施工方案进行模拟展现，在特定观察点或观察序列中切实感受不同的施工过程，理解施工工艺，有助于比较不同施工方案的优势与不足，科学地预测方案带来的施工模拟效果，对施工技术方案进行优化，寻求最符合现场条件的施工工艺方法，确定最佳施工方案。

BIM 与 VR 的集成应用能够强化工程项目施工的质量和风险预控。在施工阶段，可结合 BIM 和 VR 技术创建三维虚拟模拟环境，对项目进行虚拟场景游览，基于 BIM 模型的构件信息展现以及虚拟现实的可视化，在虚拟现实中进行方案体验和论证，有助于直观了解整个施工环节的时间节点和流程，清晰把握施工过程中每个节点的细部结构、关键部位的施工方法和措施以及施工作业的风险点和关键的质量管控点，为后期的施工技术交底和实施过程，科学部署组织施工，避免发生技术质量事故（Wan, He, Liu, et al,. 2020）。

7.1.4.2　BIM ＋其他新兴技术

当前，新一代信息技术快速发展，BIM 与大数据、云计算、物联网等新兴技术的集成应用成为不断发展的趋势，在能源、医疗和交通等多个行业得到普遍应用，并将在智慧城市建设与智慧建造中发挥更大的作用（马智亮，刘世龙，刘喆，2015；邓朗妮，赖世锦，廖羚，等，2021）。在工程建设领域，BIM 与各类新一代信息技术的综合集成应用能够发挥各类技术的自身优势，形成以 BIM 为中心的工程建设智慧型决策。物联网技术通过多元数据的采集、传输，极大地拓展了 BIM 的数据来源，保证了数据的实时性、准确性和可靠性；云计算通过分布式的数据管理，提高了资源利用率，加强了 BIM 在不同参与方、不同阶段、不同专业间的数据管理和共享，提高了 BIM 的协作能力；大数据技术通过对海量 BIM 数据的分析处理，深度挖掘数据价值，为 BIM 服务科学决策和智慧管理提供技术支撑（张云翼，林佳瑞，张建平，2020）。随着新一代信息技术的不断发展及其与 BIM 技术综合集成和融合应用的不断深化，以 BIM 为核心所形成的“BIM ＋”应用生态将在工程建设领域发挥更大的作用。

7.2　智能化的决策支持

随着大数据、人工智能、云计算等信息技术的快速发展和广泛深入应用，加强物联感知的集成联动，加速形成工程大数据资产，实现数据价值深度挖掘，最终实现更高阶段的智能决策将是工程项目智慧管理的趋势。

7.2.1　物联感知集成联动，加速工程大数据资产形成

输变电工程项目智慧管理要从工程源头抓起，打通现场管理与远程监管之间的数据链条，实现项目全要素、全过程、全方位智慧管理，需要大量的工程数据为基础支撑，这不仅仅是感知层各模块的简单叠加，更需要将物联感知的各类数据按照统一标准进行有效集成，实现数据的可交互和关联分析，

实现物联感知层的整体集成和联动，形成大数据资产，为数据价值深度挖掘奠定基础。

在加强智慧管理物联感知和基础设施层建设的基础上，建立可推广的施工现场智慧管理集成系统，可加强数据交互，提高系统集成水平。一方面，完善物联感知的基础设施层，适应不断提高的输变电工程现场专业管理和安全文明管理要求，依据工程实际，不断加强对安全、质量和环保等物联设备的应用，加强物联感知建设，深化施工现场空间的结构化管理，减小施工现场管理颗粒度，丰富过程管理数据，加速大数据资产形成，为切实加强施工现场的精细化管理和智慧化管理奠定基础；另一方面，持续推进数据接口的规范化编制，构建平台标准体系，采用统一架构、系统接口和统一数据模型，以各级“数据通”为核心，制定数据交互规范，对异构应用数据进行建模并转化为通用数据格式，建立模型间数据映射关系，实现平台开放和数据横纵贯通，全面整合系统信息，共享调度各类施工资源，实现各个现场智慧管理模块间的集成和联动（张昊天，2020）。

基于物联网云平台的智慧管理方案将实现多个子系统的互联。接入智慧管理物联网云平台的多个子系统板块，根据现场管理实际需求灵活组合，实现一体化、模块化、智能化、网络化，提供施工现场过程全面感知、协同工作、智能分析、风险预控、互联互通等功能，全面满足建设项目精细化管理的业务需求。网络通信迭代提速也将给施工现场智慧管理建设提供充分条件（宋鹏，2020）。5G网络的高数据传输速率，使得物联感知数据传输效率极大提高，配合智能传感技术和计算技术的发展，提升数据采集设备的智能化和边缘计算水平并逐渐形成全息感知能力，输变电工程项目的全面智慧化管理将加速实现。

7.2.2 数据价值深度挖掘，加强工程智能化辅助决策

当前，智慧管理的决策支持应用还处于不断发展中，推动更高水平的智

能决策离不开人工智能、云计算和大数据等新一代信息技术的支撑，从数据中寻找规律、预测未来，充分挖掘工程项目智慧管理的数据价值，利用数据增强工程项目全过程决策支持能力，提升基建管理智能化水平。

基于大数据的智能决策辅助具有很大的应用潜力，从工程项目的全过程出发，将人工智能、大数据等智能技术融合应用于项目生命周期各个阶段，全面采集安全、质量、进度、造价等多方位的工程数据，构建基于大数据的工程项目目标管理分析主题，综合人工智能和工程模型算法，提升工程安全、质量、进度、造价、调度等方面的态势感知和趋势预测，实施大数据分析，辅助项目决策，实现工程数据价值的深度挖掘，为工程险情的自动化识别、工程项目管理的智能化决策提供辅助决策支撑（杜灿阳，张兆波，刘震，2020）。

7.2.2.1　工程安全决策支持

构建工程安全大数据主题分析，建立工程安全大数据评价模型，基于施工现场数据的实时采集汇聚，形成数据驾驶舱，并对施工现场的人员、机械、工程设施等关键施工要素的安全状态进行可视化展现，实时构建工程安全数字画像，形成安全态势实时感知。基于大数据模型的推演及关联分析等，实时监测工程施工安全状态，并形成工程安全趋势预测，结合工程安全分级预警体系，及时、准确地提供动态安全预警，并精准定位工程的安全隐患，精准快速地响应工程施工安全管理需求，实现工程安全的有效管控。

7.2.2.2　工程质量决策支持

构建工程施工质量大数据分析主题，融合质量计划、质量管理、质量检查、质量评定、质量检测等全方位管理信息，建立工程质量大数据评价模型，通过深度学习和强化学习现有设计资料大数据，综合评估工程质量，精准识别工程质量不达标部分，实现工程质量监督量化考核与有效管控。

7.2.2.3　工程进度决策支持

建立工程进度的大数据评价模型，构建工程进度数字画像，精准识别进度滞后的标段或工区。通过工程进度预测模型，推演工程进度未来趋势，辅助管理人员及时掌握进度态势，提前发现和处理工程进度风险，实现工程进度的有效管控。

7.2.2.4 工程造价决策支持

建立工程造价大数据评价模型，基于多元化的造价数据源采集，加强非结构化数据向结构化数据转化，拓展工程造价数据体量。同时加强工程造价影响因素的关联分析，结合工程进度状态，对项目投资的完成比例进行分析，动态展现工程预付及实际支付的执行情况，实现对工程投资的全过程控制，辅助管理人员把控项目成本，实现工程资金的有效管控。

7.2.2.5 工程调度决策支持

利用工程调度大数据模型算法形成调度方案，对调度方案进行分析预演，下达调度指令，提高调度的经济性和安全性。智能调度系统根据项目目标和项目进度、成本、人力、设备等约束因素，使用模拟技术来分配资源，并为每个模拟周期中的不同活动分配不同级别的优先级，以找到接近最优的解决方案。

工程项目的辅助决策还有待更深入地应用探索和价值挖掘。利用物联网、云计算、大数据等新一代信息技术，实现信息技术与工程业务的深入融合，推动工程项目的智慧化建设，为实现工程项目的智慧管理提供坚实基础和强力驱动，为提升工程质量和保障工程稳定运行提供有力支撑。

7.3 结　语

当前，新一代信息技术的快速发展及其在输变电工程项目中的应用拓展，有力地推动了输变电工程项目智慧管理的发展。未来，仍然需要依靠更多的业内实践探索，进一步发挥新一代信息技术和智能化手段的优势，不断丰富和完善输变电工程项目智慧管理的内涵、功能和水平，以更好地适应输变电工程项目的复杂特点和高水平发展要求，打造高度智慧化的输变电工程项目管理体系。

参考文献

[1] Aguilar G E, Hewage K N, 2013. IT based system for construction safety management and monitoring: C–RTICS2[J].Automation in Construction,35: 217–228.

[2] Ahn C R, Lee S, Sun C, et al., 2019. Wearable sensing technology applications in construction safety and health[J].Journal of Construction Engineering and Management（11）: 03119007.

[3] Akinci B, Boukamp F, Gordon C, et al., 2006. A formalism for utilization of sensor systems and integrated project models for active construction quality control[J].Automation in Construction（2）: 124–138.

[4] Anindita C, Rajdeep G, Sambamurthy V, 2013. Information technology competencies, organizational agility, and firm performance:enabling and facilitating roles[J].Information Systems Research（4）: 976–997.

[5] Ansoff H I, Kipley D, Lewis A O, et al., 2018. Implanting strategic management[M].Springer.

[6] Antwi–Afari M F, Li H, Umer W, et al, 2020. Construction activity recognition and ergonomic risk assessment using a wearable insole pressure system[J].Journal of Construction Engineering and Management（7）: 04020077.

[7] Balali V, Zalavadia A, Heydarian A, 2020. Real–Time interaction and cost estimating within immersive virtual environments[J].Journal of Construction Engineering and Management（2）: 04019098.

[8] Behzadan A H, Aziz Z, Anumba C J, et al., 2008. Ubiquitous location tracking for context-specific information delivery on construction sites[J].Automation in Construction（6）: 737-748.

[9] Bell E, Davison J, 2013. Visual management studies: empirical and theoretical approaches[J].International Journal of Management Reviews（2）: 167-184.

[10] Bogner E, Voelklein T, Schroedel O, et al., 2016. Study based analysis on the current digitalization degree in the manufacturing industry in Germany[J]. Procedia Cirp, 57:14-19.

[11] Bourne L, 2016. Stakeholder relationship management: a maturity model for organisational implementation[M].New York and London: Taylor and Francis.

[12] Brilakis I, Lourakis M, Sacks R, et al., 2010. Toward automated generation of parametric BIMs based on hybrid video and laser scanning data[J].Advanced Engineering Informatics（4）: 456-465.

[13] Chen J, Deng X, 2015. Build a performance evaluation model about project management informatization[C].Proceedings of the 2015 International conference on Engineering Management, Engineering Education and Information Technology.

[14] Chen J, Yu G H, Cui S Y, et al., 2013. The maturity model research of construction project management informationization[J].Applied Mechanics & Materials（357-360）:2222-2227.

[15] Chen S M, Griffis F H, Chen P H, et al., 2012. Simulation and analytical techniques for construction resource planning and scheduling[J].Automation in Construction, 21: 99-113.

[16] Cheng M Y, Chang Y H, Korir D, 2019. Novel approach to estimating schedule to completion in construction projects using sequence and nonsequence learning[J].Journal of Construction Engineering and Management（11）: 04019072.

[17] Cole R J, Sterner E, 2000. Reconciling theory and practice of life–cycle costing[J].Building Research and Information（5–6）: 368–375.

[18] European Regulators Group,2013. Position paper on smart grids[R/OL].（2013–01–20）[2020–11–20].http://www.smartgrids–cre.fr/media/documents/regulation /100610_ ERGEG_ Position_ paper.pdf.

[19] Fang Q, Li H, Luo X, et al., 2018. Detecting non–hardhat–use by a deep learning method from far–field surveillance videos[J].Automation in Construction, 85: 1–9.

[20] Foorthuis R, Van Steenbergen M, Brinkkemper S, et al., 2016. A theory building study of enterprise architecture practices and benefits[J].Information Systems Frontiers（3）: 541–564.

[21] Frederick D E, 2016. Libraries, data and the fourth industrial revolution（Data Deluge Column）[J].Library Hi–Tech News（5）:9–12.

[22] Freeman R E, 1984. Strategic management: a stakeholder approach[M]. Boston: Pitman Publishing.

[23] Gattiker T F, Goodhue D L, 2005. What happens after ERP implementation: understanding the impact of interdependence and differentiation on plant–level outcomes[J].MIS Quarterly（3） : 559–585.

[24] Golparvar–Fard M, Pena–Mora F, Savarese S, 2011. Integrated sequential as–built and as–planned representation with D（4）AR tools in support of decision–making tasks in the AEC/FM industry[J].Journal of Construction Engineering and Management（12）: 1099–1116.

[25] Grau D, Zeng L, Xiao Y, 2012. Automatically tracking engineered components through shipping and receiving processes with passive identification technologies[J].Automation in Construction, 28: 36–44.

[26] Haken H, 2012. Advanced synergetics: Instability hierarchies of self–orga–

nizing systems and devices[M].Springer.

[27] Han K, Degol J, Golparvar-Fard M, 2018. Geometry- and appearance-based reasoning of construction progress monitoring[J].Journal of Construction Engineering and Management（2）: 04017110.

[28] Han S, Bouferguene A, Al-Hussein M, et al, 2017. 3D-Based crane evaluation system for mobile crane operation selection on modular-based heavy construction sites[J].Journal of Construction Engineering and Management（9）: 04017060.

[29] Hedlund G, 1994. A model of knowledge management and the N-form corporation[J].Strategic Management Journal（S2）: 73-90.

[30] Hersey P, Blanchard K H, 1969. Life cycle theory of leadership[J].Training & Development Journal（5）:26-34.

[31] Hinkka V., Tätilä J.. RFID tracking implementation model for the technical trade and construction supply chains[J].Automation in Construction, 2013, 35: 405-414.

[32] Hu Q, Bai Y, He L, et al., 2020. Intelligent framework for worker-machine safety assessment[J].Journal of Construction Engineering and Management（5）: 04020045.

[33] Humphrey W S, 1987. A method for assessing the software engineering capability of contractors: preliminary version[J].Computer Science and Engineering.

[34] Inyim P, Rivera J, Zhu Y, 2015. Integration of building information modeling and economic and environmental impact analysis to support sustainable building design[J].Journal of Management in Engineering（1）: A4014002.

[35] John S T, Roy B K, Sarkar P, et al., 2020. IoT enabled real-time monitoring system for early-age compressive strength of concrete[J].Journal of Construction Engineering and Management（2）: 05019020.

[36] Khalafallah A, Kartam N, Razeq R A, 2019. Bilevel standards-compliant

platform for evaluating building contractor safety[J].Journal of Construction Engineering and Management, American Society of Civil Engineers（10）: 04019054.

[37] Lapalme J, Gerber A, Van der Merwe A, et al., 2016. Exploring the future of enterprise architecture: a zachman perspective[J].Computers in Industry, 79: 103–113.

[38] Lasi H, Fettke P, Kemper H G, et al., 2014. Industry 4.0[J].Business and Information Systems Engineering（4）: 239–242.

[39] Ma X, Xiong F, Olawumi T O, et al., 2018. Conceptual Framework and roadmap approach for integrating BIM into lifecycle project management[J].Journal of Management in Engineering（6）: 05018011.

[40] Mendelow A. 1991. Stakeholder mapping: the power interest matrix[C]. Proceedings of the 2nd International Conference on Information Systems.

[41] Mercer D, 1993. A two–decade test of product life cycle theory[J].British Journal of Management（4）: 269–274.

[42] Mirzaei A, Nasirzadeh F, Jalal M, et al., 2018. 4D–BIM dynamic time–space conflict detection and quantification system for building construction projects[J].Journal of Construction Engineering and Management（7）: 04018056.

[43] Mitchell R K, Agle B R, Wood D J, 1997. Toward a theory of stakeholder identification and salience: defining the principle of who and what really counts[J]. Academy of Management Review（4）: 853–886.

[44] Niu Y, Lu W, Liu D, et al., 2017. An SCO–Enabled logistics and supply chain–management system in construction[J].Journal of Construction Engineering and Management（3）: 04016103.

[45] Nonaka I, Chia R, Holt R, et al., 2014. Wisdom, management and organization[J].Management Learning（4）: 365–376.

[46] Oti A H, Tah J H M, Abanda F H, 201. Integration of lessons learned knowledge in building information modeling[J].Journal of Construction Engineering and Management（9）: 04018081.

[47] Ozturk G B, 2021. Digital twin research in the AECO–FM industry[J]. Journal of Building Engineering, 40: 102730.

[48] Park J, Cai H, Dunston P S, et al., 2017. Database–Supported and Web–Based visualization for daily 4D BIM[J].Journal of Construction Engineering and Management（10）: 04017078.

[49] Park J, Kim K, Cho Y K, 2017. Framework of automated construction–safety monitoring using Cloud–Enabled BIM and BLE Mobile tracking sensors[J]. Journal of Construction Engineering and Management（2）: 05016019.

[50] Pereira E, Ali M, Wu L, et al., 2020. Distributed Simulation–Based analytics approach for enhancing safety management systems in industrial construction[J].Journal of Construction Engineering and Management（1）: 04019091.

[51] Proudlove N C, Vadera S, Kobbacy K A H, 1998. Intelligent management systems in operations: a review[J].Journal of the Operational Research Society（7）: 682–699.

[52] Rashid K M, Behzadan A H, 2018. Risk Behavior–Based trajectory prediction for construction site safety monitoring[J].Journal of Construction Engineering and Management（2）: 04017106.

[53] Riaz Z, Arslan M, Kiani A K, et al., 2014. CoSMoS: A BIM and wireless sensor based integrated solution for worker safety in confined spaces[J].Automation in Construction, 45: 96–106.

[54] Sherafat B, Ahn C R, 2020. Akhavian R, et al. Automated methods for activity recognition of construction workers and equipment: state of the art review[J].

Journal of Construction Engineering and Management（6）: 03120002.

[55] Shin T H, Chin S, Yoon S W, et al., 2011. A service-oriented integrated information framework for RFID/WSN-based intelligent construction supply chain management[J].Automation in Construction（6）: 706-715.

[56] Son H, Kim C, Kwon-Cho Y, 2017. Automated schedule updates using as-built data and a 4D building information model[J].Journal of Management in Engineering（4）: 04017012.

[57] Tan Z, Daamen R, Humbert A, et al., 2013. A 1.2-V 8.3-nJ CMOS humidity sensor for RFID applications[J].Ieee Journal of Solid-State Circuits（10）: 2469-2477.

[58] The Advisory Council of European Technology Platform. European technology platform for smart grids[R/OL].（2013-1-20）[2020-12-21].http://www.smartgrid.eu/documents/SmartGrids_SDD_FINAL_ APRIL2010.pdf.

[59] Tong Y, Li Y J, Liu Y P, 2007. Evaluation of Enterprise Informatization Performance Based on CDEA（ID:F-036）[A].The Proceedings of the 14th International Conference on Industrial Engineering and Engineering Management（Volume A）.

[60] Wan W, He Y, Liu J, et al., 2020. Application of "BIM", architecture based on cloud technology in intelligent management of rail transit[C]//American Society of Civil Engineers: 474-484.

[61] Wang C, Cho Y K, 2015. Smart scanning and near real-time 3D surface modeling of dynamic construction equipment from a point cloud[J].Automation in Construction, 49: 239-249.

[62] Wang L C, 2008. Enhancing construction quality inspection and management using RFID technology[J].Automation in Construction（4）: 467-479.

[63] Wang X, Huang X, Luo Y, et al., 2018. Improving workplace hazard

identification performance using data mining[J].Journal of Construction Engineering and Management（8）: 04018068.

[64] Wheeler D, Sillanpa M, 1998. Including the stakeholders: the business case[J].Long Range Planning（2）: 201–210.

[65] Yong J C, Lee S H, 2007. Development of an Evaluation system of the informatization level for the mould companies in Korea[C]// Computational Science and Its Applications – ICCSA 2007 pt.3; Lecture Notes in Computer Science; 4707. Precision Molds & Dies Team, Korea Institute of Industrial Technology, 7–47, Songdo–dong, Yeonsu–gu, Incheon Metropolitan City 406–840, Korea.

[66] Zachman J A, 1987. A framework for information systems architecture[J]. IBM Systems Journal（3）: 276–292.

[67] Zhang M, Cao Z, Yang Z, et al., 2020. Utilizing computer vision and fuzzy inference to evaluate level of collision safety for workers and equipment in a dynamic environment[J].Journal of Construction Engineering and Management（6）: 04020051.

[68] Zhang S, Pan F, Wang C, et al., 2017. BIM–Based collaboration platform for the management of EPC projects in hydropower engineering[J].Journal of Construction Engineering and Management（12）: 04017087.

[69] 钱德勒，1987. 看得见的手：美国企业的管理革命［M］. 重武，译，上海：商务印书馆.

[70] 安慧，郑传军，2013. 工程项目管理模式及演进机理分析 [J]. 工程管理学报（6）:97–101.

[71] 常亚磊，2020. 电力输变电工程建设安全管理探究 [J]. 决策探索（8）:4–5.

[72] 陈翠翠，2019. 茶叶企业信息化评价指标体系构建研究 [D]. 福州：福建农林大学 .

[73] 陈家远，石亚杰，郑威，等，2017. 基于 BIM 的设计与管理在复杂工程项目中的应用 [J]. 施工技术（S1）: 473–478.

[74] 陈建华，席照才，丁国伟，2020. 浅析项目进度管理在输变电工程管理中的应用 [J]. 中国管理信息化（14）:154–155.

[75] 陈科师，2012. FS 供电企业电力营销信息系统项目后评价研究 [D]. 华南理工大学 .

[76] 陈守军，黎建强，魏亚楠，2013. 基于证据集成软集的智能电网综合效益评价 [J]. 华东电力（12）:2590–2594.

[77] 陈喆，2020. 输变电工程建设项目施工质量管理探析 [J]. 中国建筑金属结构（8）:78–79.

[78] 陈真畅，郑海涛，周豪，等，2020. 临时支撑模板体系自动化监测分析研究 [J]. 施工技术（19）: 121–124，128.

[79] 陈祖煜，杨峰，赵宇飞，等，2017. 水利工程建设管理云平台建设与工程应用 [J]. 水利水电技术（1）: 1–6.

[80] 程旭东，2011. 电力系统输变电工程项目管理研究 [J]. 经济研究导刊（36）:222–224.

[81] 崔璐，杨凯瑞，2018. 智慧城市评价指标体系构建 [J]. 统计与决策（6）:33–38.

[82] 崔鹏程，徐斌，姜维杰，等，2020. 基于 RFID 技术的电力安全工器具管理系统研究与应用 [J]. 中国战略新兴产业（24）:52，54.

[83] 崔鹏程，徐斌，周峥栋，等，2020. 现阶段电网工程项目管理模式分析 [J]. 电力系统装备（3）:143–144.

[84] 崔鹏程，张皓杰，周峥栋，等，2019. 浅谈电力工程建设项目精细化管理 [J]. 科学与信息化（32）:143，147.

[85] 邓朗妮，赖世锦，廖羚，等，2021. 基于文献计量可视化的中外“建筑信息模型大数据”研究现状对比 [J]. 科学技术与工程（5）: 1899–1907.

[86] 邓贤峰，2010.“智慧城市”评价指标体系研究 [J]. 发展研究（12）:111–116.

[87] 邓雪，李家铭，曾浩健，等，2012. 层次分析法权重计算方法分析及其应用研究 [J]. 数学的实践与认识（7）:93–100.

[88] 丁宽，2020. 以电网信息模型（GIM）技术构建智能电网信息共享平台研究 [J]. 中国设备工程（2）: 33–34.

[89] 董婷婷，2018. 电网企业信息化项目绩效评价体系及模型研究 [D]. 北京：华北电力大学 .

[90] 董志学, 刘英骥, 2016. 我国主要省市智能制造能力综合评价与研究: 基于因子分析法的实证分析 [J]. 现代制造工程（1）:151–158.

[91] 杜灿阳，张兆波，刘震，2020. 工程大数据在水利工程建设管理中的应用 [J]. 东北水利水电（12）: 58–61，72.

[92] 杜宏，李凤亮，王军，等，2020. 变电站三维设计成果在施工组织设计中的应用研究 [J]. 科学技术创新（6）: 178–179.

[93] 杜珍萍，2020. 物联网技术在机械设备管理中的应用与分析 [J]. 施工技术 , 49（S1）: 448–451.

[94] 范滕滕，2018. 工程项目信息化管理成熟度研究 [D]. 合肥：安徽理工大学 .

[95] 方承武，王姝，魏寿邦，2006. 网络经济下企业集成创新战略及其动态管理 [J]. 全国商情 · 经济理论研究（12）:42–44.

[96] 方靖宇，周峥栋，徐斌，等，2019. 电力工程物联网智慧工地实践与探索 [J]. 电力系统装备（24）: 14–15.

[97] 丰景春，赵颖萍，2017. 建设工程项目管理 BIM 应用障碍研究 [J]. 科技管理研究（18）: 202–209.

[98] 高慧颖，阎艳，卢继平，2008. 基于 AHP 的流程型企业数字化评估研究 [J]. 改革与战略（1）: 39–41.

[99] 龚炳铮，2008. 信息化与工业化融合的评价指标和方法的探讨 [J]. 中国信息界（8）:52–56.

[100] 龚炳铮，2015. 智能制造企业评价指标及评估方法的探讨 [J]. 电子技术应用（11）:6–8.

[101] 广联达新建造研究院，2020. 建筑企业数字化转型规划实施导引 [M]. 北京：中国建筑工业出版社 .

[102] 郭磊，崔争，李慧敏，等，2019. 水利工程项目管理信息系统应用研究 [J]. 工程管理学报（1）:106–111.

[103] 郭鲁，2012. 工程项目信息化管理探讨 [J]. 企业经济（1）: 52–54.

[104] 国家质量监督检验检疫总局 ,2013. 工业企业信息化和工业化融合评估规范 [S]. GB/T 23020–2013.

[105] 国网浙江省电力有限公司建设分公司，2020. 一种变电工程建设施工技术交底机器人 [P]. 中国专利：202021971473.3.

[106] 国网浙江省电力有限公司建设分公司，2020. 一种基于智能循迹的变电工程清扫机器人 [P]. 中国专利：202021456677.3.

[107] 国网浙江省电力有限公司建设分公司，2020. 一种具备语音交互的输变电工程引导机器人 [P]. 中国专利：202021972815.3.

[108] 国网浙江省电力有限公司建设分公司，2020. 一种人员定位及感应电识别电力安全帽 [P]. 中国专利：202021456660.8.

[109] 韩利，梅强，陆玉梅，等，2004.AHP– 模糊综合评价方法的分析与研究 [J]. 中国安全科学学报（7）:89–92.

[110] 何星，代凯，燕磊，2020. 关于电力系统输变电工程项目管理研究 [J]. 冶金管理（17）:142–143.

[111] 贺静，宋琪，文福拴，等，2013. 智能电网综合评估指标体系初探 [J]. 华北电力大学学报（自然科学版）（2）:46–54.

[112] 侯杰，苏振民，金少军，2017. 建筑施工项目质量管理信息协同系

统构建 [J]. 土木工程与管理学报（4）: 148–153.

[113] 侯伦，唐小我，2001. 企业信息化及其指标体系探讨 [J]. 电子科技大学学报（社科版）（3）:38–44.

[114] 侯姗姗，王利肖，张晓东，等，2016. 中央企业信息化水平评价指标体系研究 [J]. 核标准计量与质量（4）:18–21.

[115] 胡军，阎艳，卢继平，等，2005. 制造业信息化评价指标体系与评价标准研究 [J]. 组合机床与自动化加工技术（12）:97–99.

[116] 黄发林，银乐利，肖鑫，2019. 工程建设质量管理智能化框架及实现路径研究 [J]. 铁道标准设计（9）: 39–45.

[117] 黄津孚，张小红，何辉，2014. 信息化 数字化 智能化: 管理的视角 [M]. 北京：经济科学出版社 .

[118] 纪经伟，2020. 工程项目全过程管理体系建设 [J]. 项目管理技术（9）:129–133.

[119] 姜维杰，徐斌，廖玉龙，等，2019. 变电站智慧工程管理创新研究: 以岙坑 500 千伏变电站为例 [J]. 华东科技（4）:226.

[120] 姜维杰，林立波，崔鹏程，等，2020. 视频监控在输电系统的应用 [J]. 集成电路应用（4）:140–141.

[121] 姜维杰，林立波，徐斌，等，2019. BIM 技术在电网工程中的应用研究 [J]. 科学与信息化（35）:1，7.

[122] 姜维杰，徐斌，方靖宇，等，2020. 电力基建工艺质量智能检测系统研究 [J]. 中国战略新兴产业（8）:46–47.

[123] 姜维杰，周峥栋，廖玉龙，等，2020. 电网施工企业的安全体系优化策略 [J]. 集成电路应用 7（3）:26–27.

[124] 赖国梁，张松波，陈国，等，2021. 基坑自动化监测数据分析及预警系统应用研究 [J]. 施工技术（1）: 49–52.

[125] 乐云，郑威，余文德，2015. 基于 Cloud–BIM 的工程项目数据管理

研究 [J]. 工程管理学报（1）: 91–96.

[126] 黎小平，2006. 制造企业管理数字化的问题与对策 [J]. 成组技术与生产现代化（2）:1–4.

[127] 李宝玉，2016. 制造企业信息化与工业化融合评价研究 [D]. 福州：福州大学 .

[128] 李存斌，宋易阳，2015. 基于 AHP– 熵权法的电力企业信息化应用效果模糊综合评价 [J]. 陕西电力（7）:48–52.

[129] 李钢，胡冰 ,2012. 企业信息化与工业化融合成熟度指标体系及评价方法研究 [J]. 中国机械工程（6）:676–680.

[130] 李杰，2019. 基于创新价值链的制造企业数字化评价指标体系构建及实证研究 [D]. 广州：广东工业大学 .

[131] 李鹏飞，2013. 制造企业信息化水平的评价研究 [D]. 青岛：中国海洋大学 .

[132] 李万庆，严冠卓，2007.AHP 在建筑施工企业信息化综合评价中的应用 [J], 中国管理信息化（10）:5–7.

[133] 李啸晨，谢磊，邵寒山，2017. 企业信息化和工业化融合评估体系研究 [A]. 中国自动化学会控制理论专业委员会 . 第 36 届中国控制会议论文集 .

[134] 李幸，龙昌敏，陈庆树，等，2018. 中央企业信息化建设发展研究：以国家电网有限公司为例 [C]// 中国电力科学研究院 .2018 智能电网新技术发展与应用研讨会论文集 .

[135] 廖玉龙，崔鹏程，徐斌，等，2020. 智能化监控在电力施工中的应用 [J]. 集成电路应用（4）:138–139.

[136] 林立波，徐斌，姜维杰，等，2020. 输变电工程施工作业人员生命体征监测系统 [J]. 中国战略新兴产业（28）:255，257.

[137] 林丽，李伟，向超，2015. 输变电工程技术的应用及发展 [J]. 中小企业管理与科技（3）:115.

[138] 刘德富，彭兴鹏，刘绍军，等，2017.BIM~（5D）在工程项目管理中的应用 [J]. 施工技术（S2）:720–723.

[139] 刘凤友，权锋，徐汉坤，2020. 基于数字化的可视化风电项目智慧管理解决方案 [J]. 水力发电（4）: 101–104.

[140] 刘九如 ,2013. “企业两化融合管理体系”框架研究 [J]. 中国信息化（16）:64–68.

[141] 刘丽，2005. 电厂信息化投资项目评价应用研究 [D]. 呼和浩特：内蒙古工业大学 .

[142] 刘莎，2019. 3S 技术在智慧工地中的应用与研究 [J]. 地产（11）: 128–129.

[143] 刘思，路旭，李古月，2017. 沈阳市智慧社区发展评价与智慧管理策略 [J]. 规划师（5）:14–20.

[144] 刘斯颉，2019. 坚持底线思维 创新管理方式 推进协同共享 确保电力生产安全、稳定、高效运行：在 2019 年全国电力行业设备管理工作会议暨中国电力设备管理协会一届五次会员代表大会上的工作报告（摘要）[J]. 电力设备管理（3）:18–39.

[145] 刘晓强，1997. 集成论初探 [J]. 中国软科学（10）:99–102.

[146] 刘晓松，梅强，何勤，等，2002. 中小企业信息化评价指标体系的构建 [J]. 江苏大学学报（社会科学版）（3）:94–98.

[147] 刘玉静，张秀华，2018. 智慧图书馆智慧化水平测度评估研究 [J]. 图书与情报（5）:98–102.

[148] 卢新海，黄善林，2014. 土地管理概论 [M]. 上海：复旦大学出版社 .

[149] 马黎娜，2013. 企业两化融合度评测与提升方法研究 [D]. 北京：北京交通大学 .

[150] 马智亮，刘世龙，刘喆，2015. 大数据技术及其在土木工程中的应用 [J]. 土木建筑工程信息技术（5）: 45–49.

[151] 孟凡生，赵刚，2018. 传统制造向智能制造发展影响因素研究 [J]. 科技进步与对策（1）:66–72.

[152] 明镜，李响，李劼，2014. 重大工程建设与运营智慧管理系统的研究及实践 [J]. 地理信息世界（3）: 73–79.

[153] 宁欣，2014. 物联网技术在建筑工程安全管理中的应用 [J]. 建筑经济（12）: 30–33.

[154] 庞文亮，2014. 关于特高压交流输变电工程变电站“网格化管理”办法概述 [J]. 城市建设理论研究（28）:4075–4076.

[155] 普华有策，2020. 2021—2026 年电力信息化行业深度调研及投资前景预测报告 [R]. 北京普华有策信息咨询有限公司 .

[156] 齐二石，崔铭伟，宋立夫，2008. 基于供应链管理的制造业信息化评价模型研究 [J]. 北京理工大学学报（社会科学版）（6）:36–40.

[157] 齐二石，王慧明，2004. 制造业信息化评价体系的研究 [J]. 工业工程（5）:1–4.

[158] 齐红升，肖成志，王子寒，等，2020. 深基坑智能联网监测与预警系统的研究及开发 [J]. 深圳大学学报（理工版）（1）: 97–102.

[159] 曲岩，2017. 我国智慧城市建设水平评估体系研究 [D]. 大连：大连理工大学 .

[160] 荣荣，杨现民，陈耀华，等，2014. 教育管理信息化新发展 : 走向智慧管理 [J]. 中国电化教育（3）:30–37.

[161] 邵坤，温艳，2017. 基于因子分析法的智能制造能力综合评价研究 [J]. 物流科技（7）:116–120.

[162] 盛大凯，郄鑫，胡君慧，等，2013. 研发电网信息模型（GIM）技术，构建智能电网信息共享平台 [J]. 电力建设（8）:1–5.

[163] 施骞，贾广社，2007. 工程项目可持续建设方案优化与决策研究 [J]. 管理学报（4）: 10–15.

[164] 张双甜，孙康，2019. 基于虚拟价值链的全过程咨询集成管理分析[J]. 工程管理学报（6）:24–29.

[165] 宋鹏，2020. 铁路建设项目推进智慧工地建设存在问题及解决方案思考 [J]. 中华建设（10）: 52–53.

[166] 宋晓宁，杜宏，2020. 利用 GIM 技术开展变电站施工方案推演的探索 [J]. 科学技术创新（28）: 163–166.

[167] 苏渊博，李霞，2017. 基于 UWB 超宽带无线导航 AGV 机器人设计 [J]. 智能机器人（5）: 59–61.

[168] 孙建富，孙培立，曾雅，2015. 海洋大学农林经济管理专业蓝色课程体系的构建 [J]. 科教导刊（21）:43–44.

[169] 谭伟，何光宇，刘锋，等，2010. 智能电网低碳指标体系初探 [J]. 电力系统自动化（17）:1–5.

[170] 唐志荣，谌素华，2002. 企业信息化水平评价指标体系研究 [J]. 科学学与科学技术管理（3）:51–54.

[171] 王彬，何光宇，梅生伟，等，2011. 智能电网评估指标体系的构建方法 [J]. 电力系统自动化（23）:1–5.

[172] 王纯林，王辉，文锐，等，2016. “互联网”时代电力电缆智慧管理模式 [J]. 中国电力（12）:107–113.

[173] 王刚，王达，2017. 输变电工程建设项目施工质量管理浅谈 [J]. 科技创新导报（14）:184–185.

[174] 王国斌，1997. 企业数字化管理探讨 [J]. 浙江经专学报（3）:64–65.

[175] 王核成，王思惟，刘人怀，2021. 企业数字化成熟度模型研究 [J]. 管理评论，（5）:1–10.

[176] 王利肖，侯姗姗，朱泉，等，2017. 基于国家标准的核行业信息化水平评价体系研究 [J]. 核标准计量与质量（1）:40–46.

[177] 王琼，2020. 人工智能工程造价信息管理平台构建研究 [J]. 建筑经

济（10）: 69–72.

[178] 王瑞，董明，侯文皓，2019. 制造型企业数字化成熟度评价模型及方法研究 [J]. 科技管理研究（19）:57–64.

[179] 王文涛，2014. 输变电工程造价管理与风险评估研究 [J]. 机电信息（30）:175–176.

[180] 王晓波，2017. 基于物联网技术的电网工程智慧工地研究与实践 [J]. 电力信息与通信技术（8）: 31–36.

[181] 王要武，陶斌辉，2019. 智慧工地理论与应用 [M]. 北京：中国建筑工业出版社 .

[182] 王振源，段永嘉，2014. 基于层次分析法的智慧城市建设评价体系研究 [J]. 科技管理研究（17）:165–170.

[183] 卫飚，李毅鹏，2014. 不确定环境中基于云计算的工程项目供应链信息流协同优化 [J]. 物流技术（13）: 338–341.

[184] 魏敏惠，2020. 基于 GIM 模型的架空输电线路智能算量研究 [J]. 科学技术创新（31）: 86–87.

[185] 魏子惠,苏义坤,2016. 工业化建筑建造评价标准体系的构建研究 [J]. 山西建筑（4）:234–236.

[186] 吴迪迪，2017. 基于 BIM 技术的施工阶段应用研究 [D]. 长春 : 吉林建筑大学 .

[187] 吴凯，郑钢，刘磊，2013. 虚拟现实技术在数字城市建设及辅助决策中的应用研究 [J]. 中国工程咨询（10）: 28–31.

[188] 吴秋明，2003. 集成管理有效性的价值判断 [J]. 工业技术经济（5）:71–73.

[189] 相晨萌，曾四鸣，闫鹏，等，2021. 数字孪生技术在电网运行中的典型应用与展望 [J]. 高电压技术（5）: 1564–1575.

[190] 向景，姚维保，庞磊，2017. 智慧税务评价体系构建与实证研究 [J].

广东财经大学学报（3）:57–67.

[191] 向衍，盛金保，刘成栋，2018. 水库大坝安全智慧管理的内涵与应用前景 [J]. 中国水利（20）: 34–38.

[192] 邢华，张阿曼，王瑛，2016. 基于“重要性—影响力”框架的非首都功能疏解路径研究：以北京市动物园服装批发市场搬迁为例 [J]. 城市观察（5）:75–85.

[193] 幸进，李梦婕，方勇，等，2018. LoRa 通信技术的研究与应用 [J]. 设备管理与维修（1）: 92–94.

[194] 熊泽群，黄石磊，李永熙，等，2016. 变电站巡检机器人的控制检测仿真测试系统 [J]. 电气自动化（4）:49–53.

[195] 徐斌，方靖宇，崔鹏程，等，2020. 电网工程现场施工的环境管理分析 [J]. 集成电路应用（2）: 76–77.

[196] 徐斌，姜维杰，方靖宇，等，2019. 基于安全管理视角下的工地智能安全帽系统建设 [J]. 华东科技（综合版）（3）:361.

[197] 徐斌，崔鹏程，方靖宇，等，2020. 基于物联网技术的深基坑在线状态监测装置 [J]. 集成电路应用（2）: 72–73.

[198] 徐斌，崔鹏程，林立波，等，2020. 物联网技术在电力工程智能仓储管理系统的应用研究 [J]. 电力系统装备（6）:63–64.

[199] 徐斌，姜维杰，蔡广生，等，2019. 电力工程进度智慧管理研究 [J]. 华东科技（综合版）（12）:231.

[200] 徐斌，姜维杰，廖玉龙，等，2019. 一种多工程企业级智慧工地区块链管理方法 [P]. 中国专利：ZL 2019 1 0283287.6.

[201] 徐斌，周峥栋，姜维杰，等，2020. 输变电工程施工作业人员身体现状及其对施工安全的影响分析 [J]. 电力系统装备（8）:152–153.

[202] 徐晓靓，2014. 通讯设备制造业企业信息化水平评价研究 [D]. 西安：西安建筑科技大学 .

[203] 许敬涵，2020. 制造企业数字化转型能力评价研究 [D]. 杭州：杭州电子科技大学 .

[204] 闫晓敏，2012. 信息化与工业化融合程度测度研究 [D]. 天津：天津理工大学 .

[205] 杨德钦，岳奥博，杨瑞佳，2019. 智慧建造下工程项目信息集成管理研究：基于区块链技术的应用 [J]. 建筑经济（2）: 80–85.

[206] 杨伟华，汪辉，刘武念，2020. 区块链技术在工程项目管理中的应用构想 [J]. 建筑经济（S1）: 141–143.

[207] 杨现民，2014. 信息时代智慧教育的内涵与特征 [J]. 中国电化教育，（1）:29–34.

[208] 杨洋,华晔,何子东,等,2018. 面向未来的电网工程智慧工地建设[J]. 河北电力技术（3）: 5–7，14.

[209] 姚辉彬，徐友全，2018. 工程项目承包商智慧建造能力评价分析 [J] 建筑经济（11）：102–105.

[210] 姚明来，王艳伟，刘秦南，等，2017. 基于全生命周期理论的公共基础设施 PPP 项目风险动态评价 [J]. 工程管理学报（4）:65–70.

[211] 尹峰，2016. 智能制造评价指标体系研究 [J]. 工业经济论坛（6）:632–641.

[212] 尹鸿雁，2018. 电力系统输变电工程项目管理研究 [J]. 企业科技与发展（8）:244–245.

[213] 尹睿智 . 我国信息化与工业化融合理论及其测评体系研究 [D]. 天津：天津大学，2010.

[214] 于国，张宗才，孙韬文，等，2016. 结合 BIM 与 GIS 的工程项目场景可视化与信息管理 [J]. 施工技术（S2）:561–565.

[215] 余腾龙，周欣，相坤，等，2018. 电网企业信息化管理综合评价 [J]. 黑龙江电力，40（4）:373–376.

[216] 曾晖，2014. 大数据挖掘在工程项目管理中的应用 [J]. 科技进步与对策（11）: 46–48.

[217] 张艾莉，张佳思，2018. 以“互联网”为驱动的制造业创新能力评价 [J]. 统计与信息论坛（7）:100–106.

[218] 张昊天，2020. 基于物联网的智慧工地集成系统构建 [J]. 数字通信世界（12）: 71–73.

[219] 张辉，贾存曜，耿世英，等，2020. 利用 GIM 三维设计成果开展变电站技经计算的探索 [J]. 科学技术创新，（36）: 97–98.

[220] 张建钦，韩水华，2008. 基于资源的制造企业信息化绩效评价模型 [J]. 科技管理研究（3）:244–246.

[221] 张健，2011. 大型建筑施工企业信息化评价体系研究 [D]. 北京 : 北京交通大学 .

[222] 张力，2017. 浅谈 NB–IoT 对物联网的影响 [J]. 数字技术与应用（11）: 26，28.

[223] 张钦礼，王雅，2017. 基于建筑信息模型的铁路工程安全管理体系研究 [J]. 中国安全生产科学技术（12）: 174–178.

[224] 张汝伦，2010. 重思智慧 [J]. 杭州师范大学学报（社会科学版）（3）:1–9.

[225] 张玉柯，张春玲，2013. 信息化与工业化融合的综合评价研究 [J]. 河北大学学报（哲学社会科学版）（4）:39–43.

[226] 张云翼，林佳瑞，张建平，2018. BIM 与云、大数据、物联网等技术的集成应用现状与未来 [J]. 图学学报（5）: 806–816.

[227] 张振，沈鸿辉，程义，等，2020. 基于物联网技术的水泥土搅拌桩施工质量评价 [J]. 施工技术（19）: 7–11.

[228] 张梓妍，徐晓林，明承瀚，2019. 智慧城市建设准备度评估指标体系研究 [J]. 电子政务（2）:82–95.

[229] 郑俊巍，王孟钧，2014. 中国工程管理的历史演进 [J]. 科技管理研究（23）: 245–250.

[230] 郑人杰，2003. 基于软件能力成熟度模型（CMM）的软件过程改进：方法与实施 [M]. 北京：清华大学出版社 .

[231] 郑应亨，邓伟，张凯，等，2019. 基于物联网的建设工程监管模式研究 [J]. 建筑经济（8）: 10–13.

[232] 郑云，苏振民，金少军，2015. BIM–GIS 技术在建筑供应链可视化中的应用研究 [J]. 施工技术（6）: 59–63，116.

[233]《中国建筑施工行业信息化发展报告（2015）》编委会，2015. 中国建筑施工行业信息化发展报告（2015）：BIM 深度应用与发展 [M]. 北京：中国城市出版社 .

[234] 周勃，任亚萍，2017. 基于 BIM 的工程项目施工过程协同管理模型及其应用 [J]. 施工技术（12）: 143–150.

[235] 周朝民，吴军，2002. 企业信息化评价指标体系初探 [J]. 上海管理科学（5）:24–26.

[236] 周剑，陈杰，2013. 制造业企业两化融合评估指标体系构建 [J]. 计算机集成制造系统（9）:2251–2263.

[237] 周彦伦，2016. 转变制造模式、突破重点领域，把握行业发展新契机：2016 年度智能电网设备行业形势和发展报告 [J]. 电器工业（11）:8–10，12.

[238] 周峥栋，姜维杰，崔鹏程，等，2020. 工程建设人员用工智能分析系统研究 [J]. 科学与信息化（20）:42–43.

[239] 周峥栋，夏新华，林立波，等，2020. 500 千伏及以上输变电工程项目管理模式优化探索 [J]. 华东科技（综合版）（1）:237.

[240] 周忠，周颐，肖江剑，2015. 虚拟现实增强技术综述 [J]. 中国科学：信息科学（2）: 157–180.

[241] 朱克平，何英静，倪瑞君，等，2019. 基于 GIM 的模块化变电站电

缆敷设三维设计 [J]. 浙江电力（7）:48–52.

[242] 邹湘军，孙健，何汉武，等，2004. 虚拟现实技术的演变发展与展望[J]. 系统仿真学报（9）: 1905–1909.